AF901465

CITROËN DS

GÖTTIN UND IKONE

ROGÉ RÉMOND (TEXT) / ÉTIENNE CRÉBESSÈGUES (FOTOS)
AUS DEM FRANZÖSISCHEN ÜBERSETZT VON ANDREAS GAUBATZ

Motor buch Verlag

INHALT

www.losson.com
432
14
GALLET
CIBIE
MICHELIN
MARCHAL
MARCHAL
254 MP 71

VORWORT

IMMER AUF DER WEISSEN LINIE...

Nein, als die DS erschien, war ich nicht dabei. Zu schade. Ich wäre gerne dort gewesen. Dort, auf dem Pariser Automobilsalon, wo die DS im Oktober 1955 für einen Kulturschock sorgte. Nein, ich erlebte die DS auch nicht im Alltag, als sie das Auto der französischen Elite war. Ich sah nie das Ballett der Limousinen im Hof des Elysée-Palasts, ich erlebte nicht das Attentat, die Schüsse auf General de Gaulle, was die DS endgültig zur Legende werden ließ. Ich nahm die DS erstmals wahr, als sich ihr Leben bereits dem Ende zuneigte; da war ich drei Jahre alt.

Dann war sie weg. Nur, um wiederaufzutauchen, in Bertrand Bliers Kult-Film »Die Ausgebufften«, den ich auf den elterlichen VHS-Kassetten entdeckte. Und dieses Mal blieb sie in meinem Leben. Ich war 15, es waren die 80er, die DS reifte zum Mythos. Sie war nun nicht mehr das Auto der Eliten, sie war nun auch das Auto der Gangster, sie war Revolution. Die Talsohle hatte der Haifisch längst durchschritten; die DS wurde zum Symbol der Gegenkultur.

Alain Bashung besang sie ebenfalls, die DS, in seinem Lied »Service Station«. Und seine Worte möchte ich Ihnen mit auf den Weg geben. Lassen Sie uns auf die Reise gehen mit diesem neuen Buch über die rollende Legende.

Noch eine Anmerkung in eigener Sache: So möchte ich darauf hinweisen, dass es aufgrund in Deutschland und Frankreich jeweils unterschiedlich definierter Normen im Detail zu Unterschieden in der Berechnung der PS-Werte kommen kann.

»Ich hab' meinen Job an der Tanke geschmissen.
Ich konnte es nicht mehr ertragen.
Die Mädchen, die ungeniert ihre Schenkel zeigten
in offenen Wagen.
Mir einen Tausender hinrotzten:
Ich soll das Öl kontrollieren.

Heute sind meine Hände nicht mehr schmutzig,
und keiner da, der mich verletzt.

Am Tag, als der Vizepräsident des
Verwaltungsrats auf dem Rücksitz seiner DS starb,
strich ich über das beschlagene Fenster
und tröstete seine Tussi.
Die steckte mir 100.000 Lire zu
und bat mich, nie was zu erzählen.

Heute sind meine Hände nicht mehr schmutzig,
und keiner da, der mich verletzt.

Heute sind meine Hände nicht mehr schmutzig,
und keiner da, der mich verletzt.

Ich hab' meinen Job an der Tanke geschmissen.

Und ich ging nicht mehr nach Hause.
Ich glaube nicht, dass sie traurig war.
Wir passten einfach nicht zusammen.
Sieh mich an, ich bin ungebunden,
wie ein Papst hinter'm Steuer meiner Kiste.
Heute sind meine Hände nicht mehr schmutzig,
und keiner da, der mich verletzt.«
(Text & Musik: Alain Bashung/Boris Bergman, © by Allo Music Éditions)

Der Autor

EP-247-AD
34

KAPITEL 1

DIE FABEL-HAFTE DS19 – EIN MYTHOS ENTSTEHT

DASS EIN PHILOSOPH UND SPRACHFORSCHER WIE ROLAND BARTHES, DER SICH AUSFÜHRLICH MIT DEN MYTHEN DES ALLTAGS BESCHÄFTIGTE, SIE IN EINEM ESSAY SELBST ZUM MYTHISCHEN OBJEKT ERKLÄRTE, ZEIGT, DASS CITROËNS DS KEIN NORMALES AUTO SEIN KANN. RÜCKBLICKEND BETRACHTET IST DIE GESCHICHTE DER DS EIN ABENTEUER, EIN WAHRES EPOS. SIE VEREINTE DIE SCHICKSALE EINIGER SPEZIELLER SCHLÜSSELFIGUREN UND SCHUF EINE SOZIALE UND INDUSTRIELLE PHILOSOPHIE, EINEN TEIL FRANZÖSISCHER GESCHICHTE – UND VIELLEICHT SOGAR EINE RELIGION.

Eine DS19 des Jahrgangs 1956 in ihrer ganzen (zweifarbigen) Pracht, mit der zweiteiligen Stoßstange vorne. Besonders zu beachten sind die Zusatzscheinwerfer auf den Kotflügeln, die von diversen Zubehörlieferanten angeboten wurden.

KAPITEL 1

Frühjahr 1934. Die Entwicklungsarbeit am neuen Modell »Citroën 7«, so die offizielle Nomenklatur, findet ihren Abschluss. Bekannt, oder besser formuliert, berühmt werden soll der Neue allerdings als »Traction Avant«. Ein Hinweis auf eine der zahlreichen Neuerungen und Innovationen des Fahrzeugs. Und in der Tat, dieser Wagen ist die Summe allen technischen Fortschritts jener Zeit. Dazu gehören unter anderem die schwimmende Motorlagerung, die selbsttragende Karosserie und der Frontantrieb, »Traction Avant« eben. Im April 1934 wird der TA Kunden und Händlern präsentiert, die offizielle Premiere findet im Oktober desselben Jahres auf dem Pariser Automobilsalon statt.

Allerdings haben einige Monate vor der vielversprechenden Premiere des TA die Gläubiger Citroëns den ehrgeizigen Plänen einen Strich durch die Rechnung gemacht. Sie ziehen im Mai 1934 die Notbremse, vertrauen nicht auf einen erhofften, aber keineswegs sicheren Erfolg des TA. Immerhin hat sich Citroëns Schuldenberg auf 200 Millionen Franc gehäuft. Schuld daran ist etztendlich André Citroën selbst. Durch kostenintensive Aktionen, wie seine zwar legendären, aber wenig gewinnbringenden Expeditionen nach Afrika und Asien und seine spektakulären Werbemaßnahmen, wie die Eiffelturm-Beleuchtung, summieren sich die Außenstände auf besagte 200 Millionen. Ausgerechnet einer der kleineren Gläubiger steckt das Pulverfass in Brand. Ein Hersteller von Holzlenkrädern strengt ein Mahnverfahren an. Citroën kann nicht schnell genug diesen Forderungen nachkommen, was zur Folge hat, dass das Unternehmen unter Aufsicht gestellt wird. Der neue Herr im Haus am Quai de Javel heißt Michelin – der größte Gläubiger Citroëns. Alle Hoffnung ruht indes auf dem Traction Avant, der bei seiner Premiere auf dem Pariser Salon mit viel Beifall aufgenommen wird. Auch wird er schnell zum Erfolg. Aber nicht schnell genug. Der Erfolg des TA zeigt

Das erste Armaturenbrett der DS, wie das ganze Auto eine Design-Ikone. Und eine technische Meisterleistung, da es aus einem Formteil besteht.

sich zu spät in klingender Münze. Was zur Folge hat, dass Citroën am 21. Dezember 1934 unter Konkursverwaltung gestellt wird.

André Citroën verkauft notgedrungen seine Anteile und zieht sich zurück. Am 18. Februar 1935 wird André Citroën in eine Privatklinik eingewiesen; Grund sind seit geraumer Zeit auftretende Magenschmerzen, die immer schlimmer werden. Man diagnostiziert Magenkrebs. Auch eine Operation im Mai 1935 kann nicht mehr helfen, der Firmengründer stirbt am 3. Juli desselben Jahres im Alter von nur 56 Jahren. Mit ihm stirbt der wohl genialste Schöpfer französischer Automobil-Avantgarde. Er erlebt den Erfolg seines Hoffnungsträgers Traction Avant nicht mehr. Und er sollte auch nie erfahren, dass ein 2CV oder gar eine DS, die seinen Namen tragen, zu automobilen Legenden reifen werden. Anfangs ist Pierre Michelin neuer Vorstandsvorsitzender bei Citroën. 1937 folgt ihm sein Vertrauter, Pierre-Jules Boulanger, der seit 1919 bei Michelin tätig war und 1934 zu Citroën wechselte, auf den Chefsessel. Boulanger wird den Anstoß zum 2CV geben und gilt als geistiger Vater der kultigen »Ente«.

Dass André Citroën durchaus in der Lage gewesen wäre, sein Unternehmen selbst zu sanieren, behauptet sein Sohn Bernard Citroën in seinem Buch »Die Javel-Verschwörung« (La Conjuration de Javel, Nouvelles Éditions latines, 2005). Und es liegt nahe, dass er nicht ganz Unrecht haben dürfte. Warum man Citroën letzten Endes abservierte, liegt wohl in menschlicher Gier und Eifersucht begründet. Und sehr wahrscheinlich auch in einem großen Maß Antisemitismus.

EIN »DREAM-TEAM«

Kurz nachdem der Traction Avant gestartet und das finanzielle Desaster wieder in Ordnung gebracht ist, und zwar nach der »Axt-im-Walde-Methode«, sprich mit deutlichen Lohnkürzungen und Entlassungen, setzt Michelin umgehend zwei weitere Projekte in die Tat um, die sein Nachfolger Boulanger endgültig anstoßen wird: Das Projekt TPV, aus dem der 2CV hervorgehen wird, und das Projekt VGD, das letzten Endes zur Göttin reifen sollte. Und damit tut Citroën das einzig Richtige. Der 2CV wird im Kleinwagensegment für Furore sorgen, das später unter anderem auch der BMC Mini prägen sollte, der Traction-Nachfolger wird luxuriöser und soll viele technische Innovationen in sich vereinigen. Doch aller Eifer wird einen herben Dämpfer bekommen. Im Herbst 1939, die Geschichte ist bekannt, bricht der Zweite Weltkrieg aus. Vom 2CV entstehen allerdings 1939 immerhin noch 250 Prototypen, vom Projekt VGD allerdings gibt es nicht mehr als ein paar Pläne und Entwürfe. So kann zumindest der 2CV schon 1948 in Serie gehen; bei der DS wird es etwas länger dauern.

An dieser Stelle sei noch erklärt, wofür die Projektbezeichnungen, also die Akronyme TPV und VGD, stehen. Der Projektname TPV für das Modell 2CV bedeutet »toute petite voiture«, also »sehr kleines Auto«. VGD ist die Abkürzung für »La Voiture de Grande Diffusion«, also »Auto der großen Verbreitung«, sprich, »Massenmodell«.

Auch wenn sich erste Gedankenspiele schon in den Jahren 1934/1935 in den Köpfen des Vorstandes manifestieren, den endgültigen Startschuss für beide Projekte feuert Pierre-Jules Boulanger um das Jahr 1936/1937 ab. Und wenn auch beide Projekte völlig verschieden sind, das Entwicklungsteam ist dasselbe. Es sind nicht nur ein paar Leute, die die Pläne umsetzen, es sind viele Beteiligte. Etliche davon stehen im Schatten der großen Namen, aber sie alle fügen die Mosaiksteinchen zu einem Ganzen zusammen. Manche wissen gar nicht, wofür sie da eigentlich arbeiten, die Projekte unterliegen strengster Geheimhaltung. Sie alle bilden ein wahres Dream-Team, das sich aufmacht, das Automobil neu zu erfinden. Nicht mehr und nicht weniger.

PIERRE-JULES BOULANGER: DER PATRON

Am 10. März 1885 wird im Norden Frankreichs, in der kleinen Bergbaustadt Sin-le-Noble, Pierre Jules Boulanger geboren. Die Familie zieht nach Paris, im Glauben, dort leichter Arbeit zu finden. Der kleine Pierre entwickelt sich indes zu einem hervorragenden Schüler. Er beginnt ein Studium im Fach Industriedesign. Allerdings muss er das Studium abbrechen; er muss Geld verdienen. 1906 ruft ihn die vaterländische Pflicht zu den Fahnen; er leistet bis 1908 seinen Militärdienst ab, in Satory, einem südlichen Stadtteil von Versailles. Dort lernt er Marcel Michelin kennen, mit dem er sich schnell anfreundet. Eine Begegnung, die sein Leben verändern wird. Nachdem er seinen Abschied von der Truppe genommen hat, schmiedet er erstmal andere Pläne. Es zieht den jungen Franzosen in die Fremde. Sein Ziel: die Vereinigten Staaten von Amerika. Hier verdingt er sich zunächst auf einer Farm, bevor er eine Anstellung im Elektrizitätswerk von Seattle findet. Doch auch da verweilt er nicht sehr lange. Nur kurze Zeit später findet er eine Anstellung als Bauzeichner im Architekturbüro Dudley. 1911 führt in seine Rastlosigkeit nach Kanada, wo er ein Bauunternehmen gründet, die Modern Houses Ltd. Hier zeigt er ganz offenkundig seine Qualitäten als Architekt und Manager. In jener Zeit macht er seinen zweiten Vornamen zu einem Teil des ersten. Aus Pierre Jules Boulanger wird Pierre-Jules Boulanger; die Initialen PJB werden ihn zeitlebens begleiten. Bald schon spricht alles nicht mehr von Boulanger, sondern von PJB.

1914 bricht der Erste Weltkrieg aus. PJB kehrt in die Heimat zurück. Er dient seinem Vaterland als Luftbildfotograf. Seine Dienste können als unschätzbar bezeichnet werden, wie sonst erklären sich die vielen französischen, aber auch ausländischen Ehrungen? Noch vor Kriegsende, am 7. Januar 1917, erhält er das Kriegskreuz (Croix de guerre) der Ehrenlegion. Weitere Auszeichnungen folgen, auch von alliierten Streitkräften wie Belgien, Italien, den USA und Großbritannien. Nach Kriegsende hat Boulanger genug von der Fremde. Er sucht Arbeit in seinem Heimatland. In Clermont-Ferrand, dem Sitz des Unternehmens, mit dem Boulanger immer noch in Kontakt steht, findet er eine Anstellung als Architekt für Michelin. Seine Aufgabe ist es, Wohnraum für die Arbeiter zu bauen. Seine Disziplin, Weitsicht, vor allem aber seine organisatorischen Fähigkeiten lassen ihn jedoch immer näher an die Spitze des Unternehmens rücken. 1922 steigt er in die Geschäftsleitung bei Michelin auf.

1934 wechselt er zu Citroën. Er folgt Édouard Michelin nach Paris, um dort die Übernahme von Citroën zu organisieren. Schon bald avanciert Boulanger zu einem der wichtigsten Köpfe im Dunstkreis von Édouard Michelin. In Paris beweist er seine Autorität, die ihm

großen Respekt einbringt. Er entwickelt einen Sanierungsplan für das Unternehmen am Quai de Javel und setzt diese Pläne auch um.

Ortswechsel: Rue Nationale 7 zwischen Briare und Montargis. Es ist der 29. Dezember 1937. Pierre Michelin ist zusammen mit Louis Lagorgette, dem stellvertretenden Bürgermeister von Boulogne-sur-Seine, sowie dessen Frau und Sohn auf dem Weg nach Clermont-Ferrand. In der Nähe von Montargis kommt es zu einem folgenschweren Unfall. Die gesamte Familie Lagorgette ist auf der Stelle tot. Pierre Michelin wird in ein Krankenhaus in Montargis eingeliefert. Am nächsten Tag versuchen die Ärzte durch eine Amputation seines rechten Beines sein Leben zu retten. Doch Pierre Michelin stirbt im Verlauf der Operation.

Édouard Michelin bricht daraufhin seine Zelte in Paris ab und kehrt nach Clermont-Ferrand zurück. Dies ist die Stunde des Pierre-Jules Boulanger. Er wird Vorstandsvorsitzender bei Citroën. Einerseits legt er Wert auf Wirtschaftlichkeit, manche nennen es Geiz, und doch erkennt er andererseits mit großer Intelligenz und gutem Gespür, was die Kunden von einem Auto erwarten – und bringt die richtigen Projekte ans Laufen.

ANDRÉ LEFÈBVRE: DER VISIONÄR

Am 19. August 1894 wird in Louvres in der Region Seine-et-Oise (dem heutigen Val-d'Oise) ein Knabe geboren, der einmal Geschichte schreiben und sogar keinen Geringeren als Ferry Porsche beeindrucken wird. Aber der Reihe nach.

Lefèbvre beginnt zunächst ein Ingenieurstudium am Institut Supérieur de l'Aéronautique et de l'Espace, das er mit Diplom beendet. 1916 heuert Lefèbvre beim Flugzeug-Konstrukteur Gabriel Voisin an, bei dem er bis 1931 in Lohn und Brot stehen wird. Er beschäftigt sich mit der Konstruktion von Militär-Flugzeugen und erfindet das vierrädrige Fahrwerk. Außerdem entwickelt er einen viermotorigen Dreidecker. Nach dem Krieg wendet sich Voisin vom Flugzeug ab, sein Blick richtet sich auf das Automobil. Und somit ändert sich auch das Tätigkeitsfeld von André Lefèbvre. Viele seiner Ideen aus dem Flugzeugsektor kann er auch im Automobilbau anwenden, was sich in der Konstruktion eines Rennwagens niederschlägt, der sehr erfolgreich am Grand Prix von Tours des Jahres 1923 teilnimmt. Lefèbvre selbst reift zu einem talentierten Rennfahrer. Anfang der 1930er-Jahre beginnt der Stern Voisins zu sinken. Lefèbvre verlässt auf Anraten seines „Ziehvaters" Voisin das Unternehmen. Voisin empfiehlt den jungen Ingenieur seinem Freund André Citroën. Doch es soll anders kommen. Francois Lehideux, der Ehemann einer Nichte Louis Renaults, der zu jener Zeit eine Führungsposition in Boulogne-Billancourt bekleidet, überzeugt den Firmenchef, den jungen Mann zu engagieren. Es gibt zwar einen Termin bei Citroën, doch vier Tage später tritt Lefèbvre bei Renault ein. Nicht gerade eine seiner besten Ideen, wie sich bald herausstellen

Als DS-Zubehör hatte zum Beispiel der Hersteller »gradulux« solche Jalousien im Angebot, um die Heckscheibe abzudunkeln.

Der Blinkerhebel mit seinem konischen Griff fügt sich erstaunlich gut in die gesamte Linie. Hinter der ausziehbaren Zeituhr verbirgt sich der Aschenbecher.

soll. Wie kann der junge Mann es aber auch wagen, ausgerechnet dem Erfinder der Kardanwelle im Automobil einen Fronttriebler zu präsentieren? Louis Renault, nicht gerade als zartfühlender Diplomat bekannt, nennt die Idee in seiner Wut dumm und hoffnungslos. Aber Lefèbvre glaubt felsenfest an sein Konzept. Die beiden geraten derart in Streit, dass Lefèbvre seinen Hut nimmt. Sehr zur Freude Citroëns, der wiederum an das Projekt glaubt. Lefèbvre wird am Quai de Javel engagiert und beginnt am 12. März 1933 bei Citroën. Er kann nun endlich seine Ideen umsetzen, ohne Einschränkungen oder Verbote. (Sehr) frei nach Goethe: Hier bin ich Ingenieur, hier darf ich's sein. Citroën lässt ihm freie Hand und stattet ihn mit allen notwendigen Befugnissen aus. Und Citroëns Vertrauen wird belohnt, auch wenn er die Geniestreiche seines Protegés nicht mehr erleben wird. Jeder Schuss ein Treffer, so könnte man die Ergebnisse von Lefèbvres Arbeit umschreiben. Der Lieferwagen Typ H, der Traction Avant, die »Ente« 2CV, die DS – all diese Automobillegenden gehen auf das Genie Lefèbvres zurück, der meist mit dem Star-Designer Flaminio Bertoni zusammenarbeitet. Die DS allerdings wird zu seinem absoluten Meisterwerk. Als er am 5. Oktober 1955 mit der ersten DS auf den Champs-Elysées auftaucht, sorgt er für einen Menschenauflauf. Ferry Porsche, der Sohn von Dr. Ferdinand Porsche, besucht auf der Frankfurter IAA des Jahres 1956 auch den Stand von Citroën und betrachtet die DS19. Folgendes Zitat wird ihm zugeschrieben: »Ich kenne den Ingenieur, der dieses Auto entworfen hat. Er heißt Lefèbvre, nicht wahr? Dieser Mann ist ein Genie. Ich habe noch nie so viel innovative Technik in einem Serienauto gesehen«.

1957 zwingen Lefèbvre gesundheitliche Probleme, das Unternehmen zu verlassen. Er geht unfreiwillig in den Ruhestand. Und doch wird er noch häufiger von Citroën-Ingenieuren um Rat gefragt. Am 4. Mai 1964 stirbt André Lefèbvre in L'Étang-la-Ville im Alter von 69 Jahren.

FLAMINIO BERTONI: DER KÜNSTLER

Italienische Designer sind die Besten, so sagt man. Am 10. Januar 1903 wird diese Riege der Besten erweitert. In dem kleinen Örtchen Masnago, in der Nähe des norditalienischen Varese, wird Flaminio Bertoni geboren. Er ist nicht gerade auf Rosen gebettet, sein Vater ist Schneider, seine Mutter Putzfrau. In seiner Familie gibt es keine Künstler, und doch wird sehr schnell das Interesse des Jungen für Kunst, speziell für die Malerei und Bildhauerei, geweckt. Er ist ein glühender Verehrer Michelangelos und da Vincis. Schnell wird klar, was seine Profession sein wird. Doch zunächst muss der Junge etwas »Anständiges« lernen. Er besucht die Technische Hochschule und schließt diese 1918 mit

Diplom ab. Sein Berufsleben beginnt der junge Lombarde bei der 1913 gegründeten Carrozzeria Macchi. Parallel dazu widmet er sich seinen künstlerischen Ambitionen. Der namhafte Vareser Künstler Guiseppe Talamoni nimmt sich des jungen Mannes an. An seinem Arbeitsplatz lernt der Auszubildende, wie man mit Holz und Blech arbeitet und daraus Karosserien entstehen lässt. Doch mit dem Automobil hat Bertoni nicht viel im Sinn. Noch nicht. Als eine französische Delegation 1922 die Karosserieschmiede der Gebrüder Macchi besucht, rückt Bertoni in den Fokus der Besucher. Ihnen fällt das besondere zeichnerische Talent Bertonis auf. Sie laden ihn zum Studium der Künste nach Paris ein. Bertoni folgt dem Ruf der Franzosen. Doch 1925 kehrt er nach Italien zurück. Seine Mutter ist krank. Er kann wieder bei Macchi anfangen, doch dieses Mal gibt es Probleme. Die als konservativ und despotisch geltenden Brüder Macchi nehmen Bertoni an die kurze Leine, schränken seine Kreativität zu stark ein. Er nimmt 1929 seinen Abschied und gründet ein eigenes Künstleratelier. Aber er hat es schwer, seine Porträts an die reiche und sachkundige Kundschaft zu bringen.

In jener Zeit trifft er Giovanna, die bald schon seine Frau und Mutter seines Kindes werden wird. Doch Frau Bertoni leidet unter Fernweh. Der Ort ihrer Sehnsüchte heißt Paris. So kommt es, dass sich die italienische Familie am 2. Oktober 1931 in der französischen Hauptstadt niederlässt. Er findet eine Anstellung bei SICAL (Société industrielle de carrosserie de Levallois-Perret), die für Citroën Cabrios herstellen. Wieder fällt er durch sein außergewöhnliches Talent auf. Und findet sich unversehens in der Rue de Théâtre 58 wieder, dem Sitz des Designbüros des Automobilproduzenten Citroën. Neben seiner Arbeit findet Bertoni nun auch endlich Zeit für seine Hobbys, das Modellieren von Tierskulpturen, Büsten und einigem mehr. Bei Citroën läuft es indes nicht ganz so rund: André Citroën lehnt alle seine Skizzen für den »Citroën 7« ab. Bis der italienische Designer einen genialen Einfall hat. Er besinnt sich auf seine Profession des Gestaltens und nimmt sich einen Klumpen Plastilin vor. Daraus modelliert er seine Vision vom künftigen Traction Avant. Urplötzlich bekommt der Chef einen ganz anderen Blick auf das Projekt und ist begeistert. Fortan wird Bertoni alle Geniestreiche Lefèbvres in die endgültige Form bringen. Meilensteine wie den Traction Avant, den 2CV, die DS und den Ami 6. Letzteren bezeichnet Bertoni selbst als sein Meisterstück. Doch wir wissen es besser. Es ist ohne Zweifel die DS.

Flaminio Bertoni erleidet schließlich einen Schlaganfall und stirbt am 7. Februar 1964 – nur kurz vor André Lefèbvre. Er hat auf eindrucksvolle Art und Weise bestätigt, dass es zutrifft: Italienische Designer sind die Besten. Man sagt es nicht nur, es ist auch so.

46 FW 01

DIE FABELHAFTE DS19

EIN MYTHOS ENTSTEHT

PAUL MAGÈS: DER VERWIRRTE PROFESSOR

Paul Magès, der am 9. März 1908 geboren ist, gilt als der Erfinder der hydropneumatischen Federung. Unter anderem. Ohne Magès hätte also Citroën nie solche legendären Autos wie die DS bauen können. Aber eigentlich hätte er diese Erfindung nie machen dürfen. Denn seine schulische Ausbildung ist eher dürftig, gelinde ausgedrückt. Er kann zwar im Zeichnen und Handwerklichen glänzen, aber mit Arithmetik und dem Französischen – unter anderem – hat er es nicht besonders. So wird es eben nur ein mittelmäßiger Abschluss. Seine Eltern tragen ihm auf, sich eine Arbeit zu suchen, um sich finanziell unabhängig zu machen. So bewirbt er sich beim Flugzeughersteller Breguet und bei Citroën. Letzterer antwortet am schnellsten, und so kommt es, dass er am 25. August 1925 am Quai de Javel seinen Dienst antritt. Zunächst in der Organisationsabteilung als einer von vielen. Doch langsam klettert er auf der Karriereleiter empor. Über die Testabteilung landet er 1938 schließlich im Konstruktionsbüro, wo er seine Talente unter Beweis stellen kann. Im Januar 1942 beordert ihn Pierre-Jules Boulanger in die Entwicklungsabteilung: Fahrwerks- und Bremsprobleme soll er sich ansehen und für Abhilfe sorgen. Für alle Projekte, auch beim 2CV, vor allem aber beim designierten TUB-Nachfolger, dem Transporter Typ H. Magès richtet seinen Blick auf das Prinzip der Hydraulik, wohl wissend, dass Hydraulik nicht nur zum Bremsen geeignet ist. Die Frage war doch einfach: Wie baut man ein Federungssystem, das bei langsamer Fahrt weich und komfortabel ist, bei großer Belastung, also höherer Geschwindigkeit, aber straffer ausgelegt ist? 1944 pflanzt er eine erste Version dieser Federung in einen Prototyp des TPV, des 2CV ein. 1946 wird eine verbesserte Version in einem Traction Avant getestet. Anfangs läuft es nicht gerade rund. Probleme mit der Dichtigkeit des Systems, mangelnde Festigkeit bei anderen Bauteilen. Dennoch, Boulanger glaubt an Magès und ist begeistert. Er versetzt Magès 1946 zum Team VGD. 1949 ist der Prototyp seiner Erfindung endlich ausgereift und fertig. Die Probleme sind weitgehend abgestellt. Und es soll nicht bei der Federung bleiben, Magès wird auch andere Baugruppen an die Hydropneumatik »hängen«, wie Bremsen und Lenkung. Auch die Geschwindigkeitsabhängige DIRAVI-Lenkung wird er erfinden.

Der berühmte französische Dramatiker Marcel Pagnol hat einmal gesagt, »Jeder dachte, es sei unmöglich. Es sei denn, es kommt ein Idiot, der es nicht weiß und es einfach macht«. Magès hatte das Zitat auf seinem Schreibtisch in einem Bilderrahmen.

Doch was hat Magès mit »Professor Bienlein« (Professeur Tournesol, also wörtlich Professor Sonnenblume) aus den »Tim & Struppi-Comics« zu tun? Nun, böse Zungen behaupten, Magès habe unfreiwillig Pate gestanden für den verwirrten Professor – oder gar für Disneys genialen Daniel Düsentrieb. Eigentlich auch ein Kompliment …

Obwohl ihre Höchstgeschwindigkeit von etwas mehr als 150 km/h enttäuschend erscheint, so war sie ab 1955 doch das effizienteste Modell. Sicher hätte ihre außergewöhnliche Straßenlage auch höhere Geschwindigkeiten erlaubt.

ROBERT PUISEUX: DER STERNDEUTER

Am 1. März 1892 wird in Paris André Jean Joseph Robert Puiseux geboren. Der Lebensweg des Knaben scheint vorgezeichnet: Natürlich wird er Astronom – genau wie sein Vater Pierre Henri Puiseux, der als Dozent an der Sorbonne unterrichtet und nach dem ein Mondkrater benannt ist. Auch sein Großvater Victor-Alexandre ist Astronom und Mathematiker. Natürlich wäre Robert Astronom geworden. Wäre da nicht der Erste Weltkrieg gewesen. Er studiert an der École Polytechnique, als der Große Krieg ausbricht und seinem Studentenleben ein jähes Ende bereitet. Zunächst dient er in der Artillerie, dann wird er zur Luftwaffe abkommandiert. Nach dem Krieg findet er Anstellung bei Michelin, wo er von der Pike auf das Unternehmen kennenlernt, unter anderem in der Qualitäts-, Forschungs- und Testabteilung. Er arbeitet sich hoch und erwirbt in erstaunlich kurzer Zeit ein enormes Wissen. Als er Anne Michelin, die Tochter des Patriarchen Édouard kennenlernt und sie 1921 heiratet, nimmt seine Karriere allerdings einen anderen und schnelleren Verlauf. Er avanciert rasch zu einem der mächtigsten Industriekapitäne Frankreichs. 1938, nach dem Unfalltod Pierre Michelins, überträgt ihm sein Schwiegervater die Leitung des Unternehmens. Als dann auch Édouard Michelin stirbt, wird Puiseux der Herr im Hause. Nach dem Tod Boulangers 1950 leitet er sowohl Michelin als auch Citroën. Was ihn aber nicht daran hindert, unter seiner Leitung den Radialreifen entwickeln zu lassen. Nach dem Tod Boulangers muss Puiseux sich einen Überblick verschaffen, dazu stattet er der Normandie, genauer gesagt dem geheimen Testzentrum Citroëns in Ferté-Vidame, einen Besuch ab. Er informiert sich bei den Entwicklern des VGD-Projektes über den Stand der Dinge. Lefèbvre zeigt ihm einen TA mit der neuen Hydropneumatik und lässt den »Big Boss« den Wagen Probe fahren. Der Boss ist begeistert und Lefèbvre legt nach. Er solle sich vorstellen, diese Hydropneumatik auch für Kupplung, Bremsen und Lenkung zu nutzen. Auf die Frage, wie lange er für die nötigen Tests brauchen werde, antwortet ihm Lefèbvre, dass er vier Monate benötige. Puiseux gibt nicht nur grünes Licht, er besteht sogar darauf, dass die künftige DS mit dieser Technologie ausgestattet werden soll. Instinktiv ahnt Puiseux, dass Citroën damit ein großer Wurf gelingen würde. So avanciert der verhinderte Astronom mit seiner hellsichtigen Einschätzung zum »Sterndeuter«. Am 23. Februar 1991 stirbt Robert Puiseux in Clermont-Ferrand.

PIERRE BERCOT: DER UNVERZICHTBARE

Bei allem Enthusiasmus und Eifer, eine Sache wird sehr schnell deutlich: Alleine kann Robert Puiseux die Belastung, welche die Führung zweier solcher Industriegiganten zwangsläufig mit sich bringt, nicht bewältigen. Er braucht einen zuverlässigen Mitarbeiter an seiner Seite, eine rechte Hand. Schnell fällt sein Blick auf die Schweiz. Die eidgenössische Citroën-Tochter wird von Pierre Bercot geleitet, einem Visionär, der sich von ganz unten hochkämpfen musste. Der 1903 geborene Bercot verliert mit 15 Jahren den Vater und muss lernen, auf eigenen Beinen zu stehen. Sein Jura-Studium finanziert er selbst durch alle möglichen Arbeiten. Mit Fleiß und Ehrgeiz schafft er es, seine eigene Kanzlei zu gründen. Doch der Beruf des Juristen ist nicht seine Berufung. Es zieht ihn in die Automobilbranche. Er erkennt und formuliert schon früh: »Das Automobil ist mehr, als nur ein Transportmittel, es ist Ausdruck individuellen Lebens, einer individuellen Gesellschaft.« Das ist genau die Philosophie des Autoherstellers Citroën. Bercot wagt den Sprung, bewirbt sich – und wird eingestellt. Der junge Jurist wird in jener Zeit engagiert, als am Quai de Javel Michelins Sanierer am Werk sind. Seine Anstellung ist zunächst auf sechs Monate befristet, doch am Ende wird Bercot bis zu seiner Pensionierung bei Citroën bleiben.

1958 beruft Puiseux Bercot in die oberste Etage. Bercot, der von Anfang an in das VGD-Projekt involviert ist, gilt trotz seiner kühlen und ruhigen Art als unerbittlich, wenn es um Qualität und Quantität geht. Vor allem unterstützt er das Designbüro in jeder denkbaren Art und Weise. Er ist sich bewusst, dass ohne Bertonis Genie die DS am Ende wohl wie ein Nilpferd ausgesehen hätte. Unterstützung erfährt Bercot, der ab 1968 das Unternehmen leitet, von Antoine Brueder. Auch Brueder ist ein altgedienter Recke und der Familie Michelin ebenfalls verbunden. Der 1935 bei Citroën eingetretene Brueder wurde 1937 der gesetzliche Vormund der Michelin-Kinder nach dem Tod von Pierre Michelin.

Als die DS erstmals auftauchte war sie ein globaler Schock. Sogar die intellektuelle Elite um Roland Barthes war von dieser ästhetischen und kulturellen Revolution tief beeindruckt.

46 FW 01

Auch wenn die ersten Monate problematisch sind, bald schon wird es besser laufen.

VOM PROJEKT VGD ZUR DS

Doch zurück zu unserem Projekt VGD, dem Massenautomobil, aus dem die DS entstehen wird. Wie wir wissen, ist Pierre-Jules Boulanger der strategische Kopf bei Citroën, der die Sanierungspläne Michelins am Quai de Javel umgesetzt hat. Und er ist es auch, der das Potenzial des Traction Avant erkennt und ihn zum Erfolgstyp reifen lässt. Doch das ist für Boulanger kein Grund, sich auf den Lorbeeren auszuruhen. Frühzeitig schon macht er sich Gedanken über ein potenzielles Nachfolgemodell. Man weiß um den Stellenwert des TA, daher spricht man besonders in den Anfangsjahren zwischen 1936 und 1939 weniger von »La Voiture de Grande Diffusion«, sondern vielmehr von einem »Superhelden«.

Im politischen Frankreich indes stehen die Zeichen auf Veränderung. Man glaubt zwar nicht wirklich an einen Krieg, aber hat Hitler in seinem Machwerk »Mein Kampf« nicht unmissverständlich klargemacht, dass das Ausschalten Frankreichs ein unverzichtbares Muss wäre? Würde er es wirklich wagen? Vor nicht einmal 20 Jahren hat sich das Deutsche Reich eine blutige Nase geholt. Boulanger hält sich damit nicht auf, macht unbeirrt weiter. Er setzt auf zwei VGD-Projekte, die er »125» und »135« nennt. Die Ziffern stehen für die gewünschte Höchstgeschwindigkeit der Fahrzeuge. In kleinen schwarzen Notizbüchern hält er seine Gedanken und Wünsche fest, formuliert Eigenschaften, die er für wesentlich erachtet. Und schreibt damit quasi die Lastenhefte für den 2CV und die DS.

Ein Augenmerk des Präsidenten liegt auf dem Komfort, einem der wichtigsten Aspekte. Daher rührt auch die Unterstützung für das hydropneumatische System von Paul Magès, das von einer Rotstift-Orgie zum Frust des Erfinders verschont bleiben sollte.

Doch dann passiert es wirklich, am 1. September 1939 bricht der Zweite Weltkrieg aus. Und dieses Mal sind es nicht die Deutschen, die sich eine blutige Nase holen. Frankreich wird in einem sogenannten Blitzkrieg im Handstreich unterworfen. Die Regierung flüchtet nach Vichy, die großen Industrieunternehmen werden von den Nazis besetzt und dienen fortan den fremden Herren. Für Citroën bedeutet das, wie für alle anderen auch, ein Verbot der Kraftfahrzeugproduktion sowie der Entwicklung neuer Projekte. Citroën fertigt bis 1943 Geschirr für die Wehrmacht. Dann wird das Werk zerstört. Die Chefetage Citroëns geht ins Exil, ins westfranzösische Niort, wo man sich weiterhin den Projekten TPV und VGD widmet. In Ermangelung praktischer Testmöglichkeiten kümmert man sich um das Design, die Ausstattung und theoretische Anforderungsprofile. So hat man einen Vorsprung für die Nachkriegszeit erarbeitet und wird sich dann »nur noch« um die technischen Aspekte kümmern müssen.

Als der Krieg endlich zu Ende ist, liegt nicht nur Frankreich am Boden. Ganz Europa liegt in Trümmern. Eine Neuordnung von Politik, Gesellschaft und Wirtschaft ist unabdingbar, auch in Frankreich. De Gaulle verfügt die Verstaatlichung des Konkurrenten Renault – und das zu Lasten der verbliebenen Unternehmen, die noch in privater Hand sind. Renaults 4CV steht vor der Markteinführung, auch weil Renault heimlich weiterentwickelte, während Citroën die ersten 250 Vorserien-2CV verschrotten oder verstecken ließ, damit sie den Nazis nicht in die Hände fielen. Ein Rückschlag, denn nun muss man noch einmal nachbessern, muss mit der Rohstoffknappheit und der Rationierung klarkommen – Nachteil Citroën. Obwohl man weit früher mit der Entwicklung begann als Renault, hat man nun das Nachsehen. Doch alles Lamentieren nutzt niemandem. Lefèbvre konzentriert sich in jener Zeit hauptsächlich auf den TPV. Beim VGD-Projekt sieht man keine übertriebene Eile; die Produktion des TA ist wiederaufgenommen, und trotz seiner mittlerweile veralteten Erscheinung lässt sich der Verkauf gut an. Als dann auf dem Pariser Salon des Jahres 1948 der 2CV präsentiert wird, kann sich Lefèbvre voll und ganz der DS widmen. Was er auch tut, aber eher verhalten. Denn noch ist keine Eile geboten. Er will lieber ein perfektes, als ein schnelles Ergebnis. Er wird alles, was er gelernt hat, auch bei Gabriel Voisin, in dieses Auto packen. Sei es das Design, die Gewichtsverteilung, die Kraftübertragung – es muss in allen Belangen perfekt sein. Boulanger hingegen ist nicht der Mann, der hochtrabende Pläne verfolgt. Er verlangt kein technisches Meisterwerk. Er will einen TA-Nachfolger, ein konventionelles Auto, das über außergewöhnlichen Komfort verfügt und sich in diesem Punkt vom Durchschnitt abhebt.

Lefèbvre verzögert also die Arbeiten, nur um seinen Traum einer perfekten DS zu realisieren. Die Wünsche des Chefs sind ihm zu wenig. Er will seine Vision wahr werden lassen. Und auch Bertoni beginnt nun, Hand an die Göttin zu legen. Er war nicht von Anfang an Teil des VGD-Projektes; die ersten Design-Entwürfe stammen von einem gewissen Leclerc. Fabien Sabatès berichtet in seinem Buch »La DS – objet de culte« (Verlag Massin, 1990), jener Leclerc hätte seinen Job bei Citroën gekündigt, zum einen, um eine politische Karriere zu beginnen, zum anderen, weil er nicht an den Erfolg der DS glaubte. Unterdessen forscht Magès unbeirrt an seiner Hydropneumatik weiter; mehr und

mehr kommt er dem Ziel näher. Anders bei Lefèbvre und Bertoni. Zwar ist Bertoni der gleichen Ansicht wie Lefèbvre, dass aus dem VGD-Projekt etwas ganz Außergewöhnliches entstehen muss, aber über das »Wie« ist man unterschiedlicher Auffassung. Im Grunde erkennt Bertoni, dass die Einflüsse aus dem Flugzeugbau aus aerodynamischer Sicht perfekt sind, im Hinblick auf den kommerziellen Aspekt aber eher unvernünftig. Man findet einen Kompromiss, Bertoni glättet hier und da Kanten und Ecken und verleiht dem Design eine ganz persönliche Note.

Zwischenzeitlich bleibt anzumerken, dass der nun wirklich hoffnungslos gealterte Traction Avant immer noch den Geschmack der Franzosen trifft. Im Vergleich zu den aufkommenden Pontonkarossen aus Übersee und den italienischen Designstudios wirkt er wie ein Relikt aus der Antike. Doch in puncto Technik, sprich Fahrverhalten, Leistung und der schon sprichwörtlichen Zuverlässigkeit, ist er noch immer konkurrenzfähig. Die Franzosen lieben ihn eben, ihren Traction Avant.

Doch dann kommt der Tag, der alles infrage stellt, auch die Zukunft Citroëns: der 11. November 1950. PJB ist auf der Rue Nationale 7 unterwegs. In der Nähe der Ortschaft Broût-Vernet kommt sein Traction Avant 11CV von der Straße ab. Pierre-Jules Boulanger ist auf der Stelle tot. Die Mitarbeiter, die unter der Fahne des Doppelwinkels arbeiten, stellen sich die bange Frage, was nun werden würde. Wer wird der Nachfolger von PJB? Man weiß, was man Boulanger zu verdanken hat. Er war es, der Citroën aus dem Tal der Tränen führte, er war der Sanierer. Wieder wird der Retter aus Clermont-Ferrand kommen, vom Hauptaktionär Michelin: Kein Geringerer als Robert Puiseux selbst wird das Ruder übernehmen, ohne jedoch den Chefsessel bei Michelin zu räumen. Er wird beide Unternehmen leiten. Der bekannte und geachtete Puiseux wird zum Vorsitzenden des Verwaltungsrates ernannt. Und er wird den richtigen Männern sein Vertrauen schenken. Doch zunächst muss er sich einen Überblick verschaffen. Auch das Konstruktionsbüro wird einer gründlichen Inspektion unterzogen. Puiseux hat ein offenes Ohr für Lefèbvre und das geheime Projekt VGD. In diesem Stadium der Entwicklung ist die künftige DS schon ein echter Hingucker. Längst spricht niemand mehr von einem »Superhelden« oder »Super-Traction«; längst ist klar, dass der revolutionäre Auftritt des TA noch übertroffen werden wird. Und langsam aber sicher wird es Zeit, dass die DS auf den Markt kommt. Denn nichts währt ewig, und es lässt sich nicht leugnen, dass das Interesse am TA langsam schwindet. Auch die Konkurrenz schläft nicht und sorgt mit neuen Modellen für Wettbewerbsdruck. Dennoch wird die Serienfertigung der DS sich als wohl größte industrielle Herausforderung des 20. Jahrhunderts erweisen. Denn die Kapazitäten sind ausgereizt. Dank des überragenden 2CV-Erfolgs. »Döschwoo« – Kunden müssen bis zu zwei Jahre (!) auf ihre »Ente« warten. Der Druck nimmt zu, es wäre unangemessen, ja sogar sträflich, ein revolutionäres Auto unverantwortlich lange auszubremsen, gerade im Hinblick auf die Mitbewerber, die sich in der Klasse des Traction Avant breitmachen. Und doch soll die DS ein Meisterwerk werden.

Die hohen Tiere der Chefetage vertrauen Lefèbvre. Sie lassen ihn tun, was er will. Hauptsache, er tut es schnell. Unter Druck und schnell zu arbeiten macht dem Ingenieur keine Probleme, das hat er schon mehrfach unter Beweis gestellt. Kreativ ist er so oder so, außerdem kann er sich auf ein motiviertes und effizientes Team verlassen. Und die Vorgaben sind überschaubar. Ein niedriger Schwerpunkt ist gewünscht, ebenso eine leichte und aerodynamische Karosserie. Die Anbauteile sollen verschraubt sein, um sie schneller und einfacher tauschen zu können. Auch das bereitet Lefèbvre keine unlösbaren Probleme. Er ist ein Befürworter von Kunststoff und Aluminium im Fahrzeugbau, denn damit lässt sich Gewicht einsparen. Enorm einsparen. Daher entsteht das Dach der Limousine aus glasfaserverstärktem Kunststoff, die Motorhaube aus Aluminium. Die Alu-Haube ist in jener Zeit das größte Automobilbauteil aus diesem Material, das in einem Serienfahrzeug Verwendung findet.

REVOLUTION!

Das ist jedoch noch längst nicht alles, was sich Lefèbvre vorgenommen hat. Vor allem dem von Magès erdachten Hydropneumatik-Fahrwerk widmet er seine Aufmerksamkeit. Die Radaufhängung ist so konzipiert, dass ein Lenkrollradius von null Grad entsteht. (Man spricht von Mittenachslenkung). Und er erkennt, dass dies ein Auto sein wird, das problemlos auf drei Rädern weiterfahren kann – eben dank jener Hydropneumatik. Aber auch weitere Sicherheitsaspekte bezieht er mit ein. Für eine besonders ausgezeichnete Rundumsicht entwirft er eine Windschutzscheibe, die um die Karosseriekante herumgezogen ist, fast in der Art einer Panorama-Windschutzscheibe. Seine Ingenieure werden es ihm »danken«. Sie raufen sich die Haare, um ein bestimmtes Problem zu lösen: Scheibe und Scheibengummi so mit der Karosserie zu verkleben, dass sie auch bei höheren Geschwindigkeiten standhält. Sogar das Lenkrad übersieht er bei seinen Plänen nicht. Er verlangt ein Einspeichen-Lenkrad. Um (natürlich) noch das letzte Gramm Gewicht einzusparen, aber vor allem auch unter dem Sicherheitsaspekt. Denn wo nichts ist, da kann nichts den Fahrer verletzen. Und ein solches Lenkrad würde sich leichter verformen. Als Lefèbvre seine Designer beauftragt, ihm eine kurze Skizze anzufertigen, erntet er fast schon entsetztes Staunen. Wie soll man etwas zeichnen, was es gar nicht gibt? Lefèbvre bleibt dabei, kurz und bündig: »Kommt zurecht!« Und wie wir wissen, sie sind zurechtgekommen.

Die Liste der Neuerungen scheint schier endlos, alles zum Nutzen des Komforts, der Sicherheit und der Gewichtsreduzierung. Sei es die unterschiedliche Spurweite vorne und hinten (sie ist hinten ganze 20 Zentimeter geringer), das Ersetzen von Kupfer- durch Kunststoffleitungen, Bauteile wie der Ventilator aus Rilsan, Dutzende und Aberdutzende Ideen und Materialien wandern in die DS.

Die Blinkerkegel verdienen es, besondere Beachtung zu finden. Sie sind sehr funktionell, ästhetisch, ihre erhöhte Position macht sie attraktiv und gut sichtbar. Sie sind Ausdruck des Genies von Bertoni. Ihre Existenz verdanken sie dem Wunsch nach einer harmonischen Linienführung zwischen Dach und Heckscheibe.

KAPITEL 1

Nur bei einer Sache muss man sich mit weniger zufriedengeben, als man möchte: Probleme gibt es beim Motor. Bereits 1939 hat Boulanger einen gewissen Walter Becchia auf der »Einkaufsliste«, doch der gefeierte Motoren-Entwickler, der sich vor allem bei Talbot einen Namen machte, lehnt ab. 1941 gibt er schließlich nach und folgt dem Ruf der Franzosen. Und er vollbringt Großes. Nämlich nicht weniger als den luftgekühlten Zweizylinder-Boxermotor, der unter anderem im 2CV Verwendung findet und mehr als neun Millionen Mal produziert wird. Doch an der DS scheitert der Ingenieur, vor allem durchkreuzt der plötzliche Zeitdruck sämtliche Ambitionen. Die besonders flache Bauweise hätte Becchia vermutlich umsetzen können, doch dafür hätte es Zeit gebraucht. Zeit, die man bei Citroën nicht hat. Nicht mehr hat. Nun gilt die Maxime, man soll nehmen, was man hat und daraus das Beste machen. Im Klartext: den von Maurice Sainturat entwickelten Traction-Motor auf den neuesten Stand bringen und für die DS passend machen. Der geplante Sechszylinder muss halt warten. Doch Boulanger wird den ersten Probelauf eines Sechszylindermotors nicht mehr erleben. Erst 1951 wird es soweit sein. Hinzu kommen persönliche Animositäten, Lefèbvre und Becchia sind nicht gerade das, was man ziemlich beste Freunde nennen würde. Lefèbvre ist es schlicht egal, wie und warum welcher Motor in die DS soll, von seinen Entwürfen und denen Bertonis weicht er keinen Millimeter ab. Für die Arbeit des Motorenkünstlers hat er kein Verständnis, für ihn zählen Aerodynamik und Gewicht. Und während dieser Kleinkrieg tobt, gelangen erste geheime Informationen des DGV-Projektes an die Presse. Der eh schon zurückgehende Absatz des TA wird dadurch noch mehr gehemmt. Alle sind auf Citroëns neues Modell gespannt…

Letzten Endes ist es der Geschäftsführer Bercot, der eine Entscheidung trifft. Treffen muss, denn für Nebenkriegsschauplätze ist keine Zeit. Er zitiert Maurice Sainturat zu sich, den Entwickler des TA-Motors, und ordnet an, eine modernisierte und überarbeitete Version für die DS zu entwickeln. Dennoch ist auch Bercot klar, der Reihen-Vierzylinder aus Vorkriegstagen hat die Höhe, die er nun mal hat. Allein, es interessiert ihn nicht. Dieser Motor wird in die DS kommen, egal wie. Die unmissverständliche Ansage seines obersten Dienstherrn ist auch für Lefèbvre eine prinzipielle und persönliche Enttäuschung. Da der Motor nicht in konventioneller Bauart unter die flache Haube der DS passt, muss der Motor halt weiter zurückversetzt werden. In Richtung des Fahrgastraumes. Vorbei ist es mit der herrlichen Raumökonomie: Der nach innen gerückte Motorraum bildet nun eine Nische unter dem Armaturenbrett. Und seltsamerweise zeichnet sich diese Lösung auch als eine durchaus ästhetische aus. Wer hätte das gedacht? So wird mit diesen Änderungen ein Prototyp realisiert. Es stinkt zwar förmlich nach Bastelei, aber haben die Männer eine Wahl? Bercot befiehlt die Umsetzung. Sainturat hat dem

Die kleinen Chromleisten der hinteren Reflektoren werden bald verschwunden sein.

Motor zwar mehr Agilität verliehen, dennoch fehlt ihm am Ende die nötige »Luft«. Man ruft Poillot zu Hilfe, einen Experten für Dieselmotoren. Er soll den Zylinderkopf anpassen, mit halbkugelförmigen Kammern und V-förmigen Ventilen. Und dieses Mal fährt sich der VGD-Prototyp deutlich besser. Er erreicht eine Höchstgeschwindigkeit von 140 bis 145 km/h. Das sind zwar nur rund zehn Stundenkilometer mehr als beim 15CV-Traction, aber dennoch ein sehr guter Wert für einen solchen Wagen in jener Zeit. Letztendlich fußt der Erfolg auf Lefèbvres und Bertonis aerodynamischem Meisterwerk, das es dem 1,9-Liter-Block mit seinen mageren 75 Pferdchen ermöglicht, den Wagen agil voranzutreiben. Diese Notlösung der Motoranordnung hat aber auch ihr Gutes: Das Getriebe wandert in Fahrtrichtung vor den Motor. So lässt sich das Reserverad unter der Motorhaube unterbringen, was dem Kofferraum zugutekommt.

Die größte Herausforderung stellt allerdings die Hydropneumatik dar. Denn nicht nur das Fahrwerk soll auf diese Weise funktionieren, auch andere Baugruppen sollen an die Hydropneumatik »angehängt« werden: die Bremsen, das halbautomatische Getriebe, möglichst alle infrage kommenden Bauteile sollen so gesteuert werden. Man kann sich die erstaunten Gesichter der Arbeiter vorstellen, die die ersten Prototypen mit dieser Technik von Hand zusammenbauen mussten.

Auch bei Bertoni läuft's. In den Jahren 1952 und 1953 findet das Projekt VGD nahezu seine endgültige Form. Die Front mit ihrer tiefgezogenen Haube und die Dachlinie, die flüssig ins Heck mündet – alles scheint perfekt. Bercot ist es aber nicht perfekt genug; er ist der Auffassung, dass die Seitenlinie harmonischer sein sollte. Er fordert Nachbesserung. Da der Chef bekanntlich immer recht hat, macht sich Bertoni unverzüglich ans Werk – und zaubert eine Lösung, ohne die man sich die DS gar nicht vorstellen kann. Die sogenannten Fischkegel, oft auch etwas despektierlich Frittentüten genannt. Damit sind die an den seitlichen Dachrändern angebrachten Rohre gemeint, die am Heck als Blinker-Aufnahme dienen und somit einen weiteren Pluspunkt in Sachen Sicherheit mitbringen. Man kommt voran. Aber wenn die DS auf dem Pariser Salon des Jahres 1955 debütieren soll, muss noch vieles abgearbeitet werden. So bleibt zum Beispiel die Frage nach der Gestaltung des Armaturenbrettes. Dieser Aufgabe stellt sich ein gewisser Robert Michel, ein Designer, der an der École Boulle gelernt hat. Allerdings ist er nicht besonders talentiert, weshalb er es nicht schafft, sich von Hergebrachtem freizumachen. Als Bertoni seine Entwürfe sieht, muss er lachen. Was er sieht, ist ein einfaches Brett, wie man es in den 1920ern vorfand. Einer DS nicht würdig. Bertoni findet seine Ernsthaftigkeit wieder und nimmt die Sache selbst in die Hand. Er entwirft ein Armaturenbrett. Wobei Armaturenbrett zu profan klingt, es ist mehr ein Armaturenträger, ganz im ästhetischen Geist der DS. Eine Kunststoff gewordene Harmonie, die obendrein extrem leicht ist. Alles, was jetzt noch bleibt, ist einen Namen zu finden. Man geht nüchtern an die Sache. Das Projekt heißt von Beginn an VGD, die Entwickler kürzen auch diese Abkürzung noch einmal ab und nennen das Projekt schlicht »D«. Je nach Entwicklungsstadium versehen sie den Buchstaben mit einer Ziffer, also zum Beispiel »D1«, »D2«, usw. Im Lauf der Zeit spricht man im Plural, also von den »Ds«. Irgendein kreativer Kopf hat wohl bemerkt, dass dieser Plural im gesprochenen Französisch sehr ähnlich klingt wie »déesse«, also »Göttin«. Und da im französischen Sprachgebrauch alle Automobile feminin benannt werden, liegt es förmlich auf der Hand, aus diesem Auto eine »Göttin« zu machen. »La déesse«, DS…

DIE AUTOMOBILPRESSE: JOURNALISMUS ODER WIRTSCHAFTSSPIONAGE?

1951 erreicht das VGD-Projekt seine nächste Evolutionsstufe. Erste fahrbereite Prototypen entstehen. Diese werden, natürlich, in der Nähe der kleinen Ortschaft Ferté-Vidame getestet, wo Citroën ein geheimes Versuchsgelände unterhält. Die Teststrecke verläuft zwar über mehrere Kilometer innerhalb des Geländes, man kann die Prototypen ausgiebig testen, aber die realen Bedingungen auf echten Straßen ersetzt das nicht. Die Gallier im Allgemeinen haben nur Angst, ihnen könne der Himmel auf den Kopf fallen. Bei Citroën im Besonderen hat man nur Angst, die Journalisten könnten einfallen. Derer lungern viele in jenem Teil der Normandie herum und warten ab, stets gespannt darauf, welches Geschoss der Revolver mit dem Doppel-Winkel als Nächstes abfeuert. Denn wenn es im Automobilsektor etwas Spektakuläres zu berichten gibt, dann doch wohl in diesem Teil der Welt – bei Citroën. Bereits 1939

Wir können uns leicht in die Lage von Passanten versetzen, die dieses UFO zwischen all den Tractions, dem Peugeot 203, Renault 4CV, Simca Vedette oder, noch schlimmer, dem Peugeot 403 (der im selben Jahr wie die DS erschien) umherschweben sahen. Sie alle wirkten plötzlich veraltet.

sind Pressefotografen Bilder zweier geheimer Projekte gelungen. So etwas darf nicht noch einmal passieren. Lefèbvre hat eine Idee: In Draguignan, dem Hauptort der gleichnamigen Unterpräfektur des Departement Var, besitzt sein Sohn ein Haus. Lefèbvre lässt einen geschlossenen LKW mit einem von der späteren Serie noch weit entfernten Prototypen beladen. Am 12. März 1952 macht sich der LKW mit seiner geheimen Fracht unter der Plane auf in Richtung der südfranzösischen Kleinstadt. Lefèbvre und seine Gefolgsleute können

in der herrlichen Landschaft ausgiebige Testfahrten unternehmen, auf kleinen Landstraßen, in einer Region, die zu dieser Jahreszeit noch nicht von Touristen überlaufen ist. Auch die Zeitungsreporter wissen noch nichts von Citroëns jüngstem Coup. Wie gesagt: noch nichts. Denn die Presse schläft nicht. Journalisten lassen das Testzentrum bei Ferté-Vidame keine Sekunde aus den Augen. Es liegt förmlich in der Luft, es riecht nach Neuigkeiten. Ein gut informierter Leser gibt den entscheidenden Hinweis. Citroën ist gen Süden gezogen, weitab vom Trubel. Die Reporter legen sich bei Draguignan auf die Lauer – und werden belohnt. Es gelingt ihnen, Bilder des Prototyps während der Testfahrten zu machen. Diese Fotos erscheinen am 1. April 1952. Doch das ist nicht alles: In der gleichen Ausgabe werden sämtliche Projekte enthüllt, jedes noch so kleine Detail, Zeichnungen, Skizzen, Pläne, das aktuelle Design, der neue Sechszylinder, alles verbotenerweise von einem Citroën-Mitarbeiter kopiert. Das ist Wirtschaftsspionage, nicht mehr und nicht weniger. Citroën erstattet Anzeige, klagt auf Unterlassung. Die Polizei ermittelt. Doch es hört nicht auf: Immer wieder werden neue Details veröffentlicht. Die Polizei gibt nicht auf, die Drahtzieher zu erwischen. Es soll ihr kein Erfolg beschieden sein. Noch am 15. September 1955, rund zwei Wochen vor Eröffnung des Pariser Salons, wird die DS in ihrer endgültigen Form präsentiert. Ein Teil der Leser des Auto-Journals sind allerdings auch Kunden von Citroën – und begierig darauf, zu erfahren, was man am Quai de Javel auf die Räder gestellt hat.

SALON D'AUTOMOBILE PARIS 1955 – ENDLICH!

Jeder weiß es, die Spatzen pfiffen es schon von den Dächern. Citroën wird den Nachfolger des schon zu Lebzeiten legendär gewordenen Traction Avant präsentieren. Die Spannung der Autofahrer steigt ins Unermessliche. Die Bombe namens DS platzt am 6. Oktober 1955, dem Eröffnungstag des Pariser Autosalons. Erst am Vorabend des Eröffnungstages lässt Citroën drei der neuen Limousinen, in Grün, Aubergine und Champagner lackiert, unter strengster Geheimhaltung in die Halle schaffen, gut verhüllt und streng bewacht. Die Ausstellung ist kaum eröffnet, da überrennen die Massen förmlich Citroëns Stand. Jeder weiß, dass etwas Großes kommt. Aber die Leute wollen es endlich mit eigenen Augen sehen, ganz vorne dabei sein, wenn das Wunderwerk enthüllt wird.

Und dann steht sie da. Vor den Augen des staunenden Publikums. Sie ist zum Greifen nah, real und doch unwirklich. Die drei Ausstellungsstücke sollen potenzielle Käufer animieren, einen Kaufvertrag zu unterzeichnen. Innerhalb der ersten Stunde sind es rund tausend Verträge. Am Ende

Ein solches Cockpit wirkte mit seinen unglaublich bequemen Sitzen 1955 wie Science-Fiction. Gut zu erkennen: Die Wölbung unter dem Armaturenbrett, die es erlaubte, den Motor weitestmöglich nach hinten zu rücken.

des ersten Tages werden es 12.000 sein, am Ende der Messe gar rund 80.000. In ihrer Ausgabe vom 7. Oktober 1955 beschreibt die Tageszeitung »Le Figaro« das Szenario mit folgenden Worten: »Fieber vor der Bestellannahme. Antragsteller wedeln mit ihren Scheckbüchern, andere mit Bündeln von Geldscheinen, die sie wie Flaggen schwenken.« Die Presse insgesamt quillt förmlich über von Veröffentlichungen zum Thema. Citroëns DS beherrscht während des Messe-Zeitraums 80 Prozent der Schlagzeilen in Zeitungen und Magazinen. Die Präsentation der DS ist Frankreichs drittwichtigstes Medienereignis. Nur der Waffenstillstand 1945 und Stalins Tod 1953 erregten mehr mediales Aufsehen. Der Start der DS ist geglückt, ein Auftakt nach Maß ...

Der Traction Avant kann also getrost den wohlverdienten Ruhestand antreten. So denkt man zumindest bei Citroën, hat aber die Rechnung ohne die Kunden gemacht. Auch wenn die Verkaufszahlen des TA in den letzten Monaten und Jahren rückläufig waren, von absoluter Erfolglosigkeit des rüstigen Rentners darf man trotzdem nicht reden. Denn noch hat er treue Anhänger. Selbst die mittlerweile hoffnungslos antiquierte Form tut der Beliebtheit keinen Abbruch; noch gehen genügend Bestellungen ein, die einen Verbleib in den Preislisten rechtfertigen. Und dort verbleibt er also bis 1957. Ein Grund dafür ist seine Robustheit und Zuverlässigkeit. Letzteres kann man hingegen von der DS leider nicht behaupten. Das Himmelswesen entpuppt sich als zickige Göttin. Sicher, »la déesse« wurde vor der Markteinführung ausgiebig getestet, aber der Alltag ist eben eine ganz andere Sache. Ein derart neuartiges Automobil zeigt oft erst in der Praxis seine Kinderkrankheiten. Die dokumentierten Probleme sind schon fast nicht mehr zählbar, und fast alle betreffen die sensible Hydropneumatik. Manche DS-Besitzer finden ihre Göttin am Morgen in einem wahren See von Hydraulikflüssigkeit, ganz gleich, ob das System mit »Lockheed HD19« oder »Antar FH6« befüllt war – beides Produkte, die Citroën werksseitig benutzt. Andere mussten einen schleichenden Verlust der Flüssigkeit und eine nachlassende Wirkung der Systeme konstatieren, nicht nur bei der Federung, auch bei Lenkung und Bremsen. Darunter waren hochrangige Kunden wie der Außenminister Antoine Pinay, Staatsminister Louis Jacquinot und Staatsminister René Billères. Natürlich reagiert Citroën umgehend, natürlich werden die defekten Systeme wieder instandgesetzt. Und natürlich arbeitet man hinter den Kulissen an der Lösung dieses nicht gerade unerheblichen Problems. Es kostet Citroën eine Menge Geld, um einen schnellen und reibungslosen Kundenservice zu garantieren. Was in der Hauptstadt und der näheren Umgebung auch tadellos funktioniert. Nur im Rest der Nation, vor allem in ländlichen Gegenden, hapert es. Weil die Mitarbeiter nur wenig bis gar nicht in dieser Thematik geschult sind, aber auch, weil man mit der Teileversorgung nicht mehr hinterherkommt. Karawanen von Lastwagen ziehen durchs Land. Indes arbeiten die Ingenieure fast Tag und Nacht, um eine Lösung des Problems zu finden. Der Quell allen Übels ist die fehlende Standardisierung der Hydraulik-Bauteile und mangelnde Qualität. Aber man schafft es, Citroën schafft es, den Untergang der Titanic abzuwenden. Das DS19-Schiff schlingert zwar, kommt aber wieder auf Kurs. Denn nicht nur Citroën, auch die Allgemeinheit weiß, wenn alles funktioniert, so wie es soll, dann ist die DS in der Tat die erhabene Göttin, die sie sein will.

NOVEMBER 1955: DIE DS ERSTMALS IM TEST

Ein erster Artikel, ein Praxistest, erscheint im November 1955 in der Zeitschrift »Inter Auto«. Jean Bernardet und der Journalist Pierre Bourrillon knöpfen sich die DS19 vor. Ersterer aus Sicht eines Technikers, der zweite aus Sicht eines normalen Autofahrers. Hier einige Auszüge:

»Wir haben es uns vorgenommen. Und doch nicht geschafft. Wir sind sehr schnell in die Kurven gefahren. Zu schnell. Und doch ließ die Front, die den Reiz der DS ausmacht, nicht die enttäuschende Eigenschaft erkennen, die wir erwarteten. Sie wollte einfach nicht dorthin, wo wir hinwollten. Sie hielt uns auf der Straße. Den Informationen zum Auto haben wir entnommen, dass drei Viertel des Gewichtes auf der Vorderachse liegen. Nun, die Konformisten werden aufschreien, aber es ist eine schlichte Tatsache. Doch, einmal abgesehen von diesem unfassbaren Handling, gibt es noch einen Aspekt, der für die DS spricht. Und das sind die Bremsen. Wir kennen uns mit Bremsen aus, das steht fest. Aber wir können uns nicht vorstellen, wie diese Scheibenbremsen bei der DS funktionieren. Mit einer leichten Berührung des »Bremspilzes«, der ein herkömmliches Pedal ersetzt, verlangsamen wir den Wagen um 20 Prozent, in unserem Fall auf 30 Stundenkilometer. Treten wir den Knopf etwas fester, bringen wir den Wagen in kürzester Zeit zum Stehen. Und die Passagiere? Die bemerken zwar die Verlangsamung des Fahrzeugs, werden aber nicht, wie bei abruptem Bremsen üblich, nach vorne geschleudert. Nach dem Test sind wir auf einen Wagen mit konventionellen Bremsen umgestiegen, die allerdings als hervorragend gelten. Doch bevor wir uns wieder umgewöhnen konnten, hätten wir beinahe einen Unfall verursacht, weil wir fast auf einen vorausfahrenden Wagen aufgefahren wären. Es ist nicht zu leugnen, mit der DS19 beginnt eine neue Ära. Eine neue Ära, die Stärke, Schlichtheit und ein unglaubliches Handling mitbringt. Das Unternehmen am Quai de Javel hat bewiesen, dass es fortschrittlich ist. Dennoch werden wir auch, trotz aller Begeisterung, kritisch berichten. Eine derartige Fülle von Neuerungen kostet Geld. Das Auto ist eine Komplexität an sich, Reparaturen werden aufwändiger sein, wenn nicht sogar deutlich teurer. Das muss man bei Citroën im Auge behalten. Der Test hat uns einen tiefen Eindruck dieser völligen Neuheit vermittelt, vor allem bei Kurvenfahrten, insbesondere bei schnellen Kurven, hat sie einen starken Halt. Bislang diktiert eine gewisse Vorsicht das Autofahren. Die DS erzeugt Wohlbefinden und Gelassenheit. Sie ist perfekt, nach den von uns gewonnenen Erkenntnissen. Es ist aber auch Vorsicht geboten, es wäre fahrlässig, sich zu sehr auf die Qualitäten des Autos zu verlassen. Ungeübte Fahrer laufen Gefahr, sich zu sicher zu fühlen; einem Anfänger sollte man empfehlen, das Autofahren auf der DS neu zu lernen.

Aber noch etwas stimmt uns äußerst zufrieden. Wenn wir in den letzten Jahren auf ausländischen Messen waren, dann musste man feststellen, dass die französischen Autos unter mangelnder Qualität litten. Doch seit einiger Zeit ändert sich das. Jetzt, mit der DS, sind wir endlich angekommen, können es mit Deutschen und Italienern aufnehmen. Jetzt sind wir

Mit der Zeit schätzten es die DS-Besitzer, kleine Frankreich-Plaketten auf dem Kofferraumdeckel über dem Doppelwinkel anzubringen. Beweis für den Ruf Citroëns als großer Automobilhersteller mit internationaler Strahlkraft.

auf Augenhöhe und können vielleicht künftig auch mit etwas Stolz unsere Neuheiten präsentieren. Wir jedenfalls sind mit der DS zufrieden.« Und auch Bourrillon hat den Star des Salons für sich entdeckt:

»Es war eine gute Idee, sich zum ersten Mal hinter das Lenkrad der DS zu setzen. Ich habe mich gefühlt wie ein Vater, der mit der elektrischen Eisenbahn seines Sohnes spielt, die er ihm zu Weihnachten geschenkt hat. Ich setze mich hinein in den Fahrersitz und lehne mich zurück. Ich genieße eine sagenhaft weite Sicht. Kurz vor Rambouillet nähere ich mich mit 125 Stundenkilometern einer Kurve, mit 120 durchfahre ich sie. Die DS folgt völlig unbeeindruckt ihrer Bahn. Weiter unten stehen einige Gendarmen; sie sehen uns und heben ihre Hände. Aber nicht, um uns anzuhalten. Nein, sie führen ihre Hände an ihre Mützen, um uns zu grüßen, als seien wir Minister. Sie liegt wundervoll, selbstverständlich und ruhig. Zu ruhig für die, die sie nicht kennen. Sie verleitet zu trügerischer Sicherheit, man vergisst, auf den Tacho zu blicken. Man kann sich nur schwer aus dieser Umgebung befreien. Sie ist praktisch, vor allem in der Stadt, geschmeidig wie eine Katze, anders als alle anderen. Sitzt man im Inneren, so glaubt man sich in einem kleinen Wasserkraftwerk. Sobald man Bremsen, Schaltung oder Lenkung bedient, vernimmt man ein leises »Pffft«, »Chhhh« oder »Dzzz«. Ständig. Oder auch ein leises »Drrr«, wenn sich der Ventilator einschaltet. Es ist alles im Innenraum, es leistet ihnen Gesellschaft,

Die vorderen Blinker mit ihrem auffälligen Muster integrieren sich überraschend harmonisch in die Linie.

wenn auch im Flüsterton. Und lässt Sie verstehen, warum dieses Auto 930.000 Franc kostet. Und es ist das Geld wert. Der Fortschritt ist da. In großer Serie.«

DAS ERSTE JAHR… UND DIE JAHRE DANACH

Die DS ist nicht gerade preiswert. Es gibt in Frankreich nur ein Auto, das teurer ist, nämlich die Renault Frégate Grand Pavois. Der ebenfalls neue Peugeot 403 schlägt, da deutlich kleiner, mit rund 200.000 Francs weniger zu Buche. Und doch kann sich Citroëns Flaggschiff in der französischen Straßen-Landschaft etablieren. Sie ist Frankreichs internationaler Stolz, was keinem anderen Auto mehr gelingen wird. Doch trotz des anfänglichen Hypes beginnt die Produktion nur zögerlich. Erst im Januar 1956 nimmt das Ganze dann Fahrt auf. Nun kann man auch die Bodenfreiheit manuell einstellen – zwischen neun und 28 Zentimetern. Trotzdem, perfekt ist die DS noch nicht; die treuen Citroën-Kunden brauchen echte Leidenschaft. Und Leidensfähigkeit. Citroën allein trägt die Verantwortung für die frühen Ausfälle; jetzt braucht es dringend Ergebnisse, will man die DS auch in zehn Jahren noch auf der Straße sehen. Denn im ersten Jahr ihres Daseins entpuppt sich Madame als finanzielles Desaster. Satte 528 Millionen Francs belasten Citroën. Nicht nur die Produktionsstätte einzurichten, auch die Ausführung der Garantieleistungen kostet ein Vermögen. Auf die nächsten Jahre darf man keinen Profit aus diesem Projekt erwarten. Man muss schon ordentlich nachlegen, um aus der Misere und den roten Zahlen zu kommen. Und um die Gunst der Kunden zurückzugewinnen. Die DS-Jahrgänge 1957 und 1958 sind schon deutlich

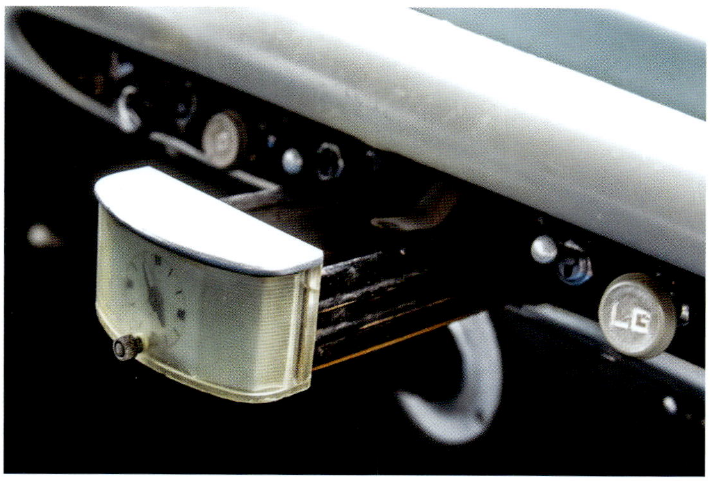

Hier noch einmal besonders gut zu sehen: Die ausziehbare Zeituhr, hinter der sich ein Aschenbecher verbirgt.

ausgereifter und entwickeln sich zu einem deutlich zuverlässigeren Auto. Citroën ist glücklich. Die Kunden sind glücklich. Die Autohändler sind glücklich. Denn die Zahlen steigen an. 1959 gibt es erste deutliche Modifikationen. Die hinteren Kotflügel kommen nun gestreckter und abgerundeter, die Rückleuchten sind jetzt rechteckig eingebettet und nicht mehr rund und aufgesetzt. Im September 1959 platziert man für den 1960er-Jahrgang Lufteinlässe an den Kotflügeln, um die Kühlleistung zu verbessern. 1962 verzichtet man wieder darauf, denn sie haben kaum etwas gebracht. Weit bedeutsamer für diesen Jahrgang ist allerdings die Umstellung der Bordelektrik von sechs auf zwölf Volt.

Profitabel ist die ganze DS-Geschichte allerdings immer noch nicht, trotz der vielen Neuerungen und der besseren Qualität. Obschon die Verkaufszahlen nach oben gehen, ist man noch nicht in der Gewinnzone – noch lange nicht, trotz des relativ hohen Verkaufspreises. Pierre Bercot äußert dem Journalisten Roger Brioult gegenüber, dass man zwar 400 Einheiten fertige, es aber, um aus der Verlustzone herauszukommen, 500 sein müssten – pro Tag! Doch zurück zur göttlichen Evolution. Ebenfalls 1960 soll eine verbesserte Niederdruckpumpe die Kupplungsleistung verbessern. 1961 passiert richtig was: Die anfänglich zu Recht bemängelte, etwas dürftige Leistung von 75 SAE-PS wird erhöht. Mit neuen, gekrümmten Kolben, die eine höhere Verdichtung zur Folge haben, und einem Doppelvergaser bringt man die Leistung auf respektable 83 SAE-PS. So treibt man die DS19 endlich auf über 150 Stundenkilometer. Und: La déesse bekommt eine göttliche Schwester, die Cabriolet-Version.

Nach sieben Jahren Bauzeit ist es dann 1962 an der Zeit, noch umfangreichere Änderungen vorzunehmen. Man spricht ab 1962 von der zweiten Serie, die Überarbeitungen im September 1961 für das kommende Modelljahr rechtfertigen diese Zäsur. Beim Armaturenbrett tauscht man das Material. Aus Kunststoff wird Blech. Und nicht etwa, dass man es bei profanem Blech belässt, nein, natürlich wird das Armaturenbrett mit Kunstleder bezogen. Was auch die Spiegelung des Instrumententrägers in der Windschutzscheibe minimiert. Die Instrumente selbst sind traditioneller und übersichtlicher angeordnet. Die ohnehin schon sehr gute Aerodynamik wird noch weiter verbessert, die Haube und die Kotflügel dementsprechend verändert, und die Schürze ist nun geschlossen. Die Stoßstangen bekommen Gummipuffer, sowohl die vorderen, als auch die hinteren. Auch technisch tut sich etwas, und zwar im Februar 1963. Wir erinnern uns: Das hydraulische Halbautomatik-Getriebe ist eine feine Sache, erspart es dem Wagenlenker doch das Kuppeln. Ungeübte Fahrer jedoch können leicht irritiert sein von diesem Hightech-Feature. Daher entschließt man sich am Quai de Javel, ein herkömmliches Schaltgetriebe anzubieten. 1964 wechselt man die synthetische Hydraulikflüssigkeit vom rotgefärbten »HF rouge LHS« auf das farblose »LHS2«. 1964 stellt man für das 1965er-Modelljahr die Ausführung »Pallas« vor, die man an Zusatzscheinwerfern, Chromleisten und besserer Ausstattung erkennt. Außerdem installiert man Sicherheitsgurte für die vorne sitzenden Passagiere. Die ab 1965 frisch motorisierten DS19 werden auch als DS19A bezeichnet. Das Jahr 1966 bringt erstmals eine zusätzliche Version, die DS21. Sie stellt die Existenz der DS19 keineswegs infrage, sondern soll sie ergänzen. Mit ihrem 1.985-cm³-Motor leistet »die Große« 90 SAE-PS. Der Rest betrifft Details, wie geänderte Lufteinlässe, 380er- statt 400er-Reifen (Michelin XAS), Fünf-Loch-Felgen statt Zentralverschluss. Und im Herbst 1966 wechselt man auf die mineralische Hydraulikflüssigkeit LHM, die man an ihrer grünen Färbung erkennt – was erneut eine deutliche Verbesserung mit sich bringt.

HERBST 1967: EINE NEUE ÄRA WIRD EINGELÄUTET

Die Jahre 1965 bis 1967 stellen einen herausragenden Wendepunkt dar. Und zwar in Bezug auf das Design. Weltweit. Man folgt immer dem neuesten Trend. Mit der Konsequenz, dass die meisten Autos

Ein kurioser Schalthebel direkt vor dem Tacho. Auch das halbautomatische Hydraulik-Getriebe war eine technische Revolution.

schon nach wenigen Jahren hoffnungslos veraltet sind. Nehmen wir zum Beispiel den Peugeot 403. Im selben Jahr wie die DS präsentiert, ist er jedoch schon nach rund fünf Jahren ein altbackenes Gefährt. Sicher ist der 403 kein schlechtes Auto, für Peugeot ein Gewinn. Dennoch folgt schon 1960 der 404. Und auch er wirkt neben der DS schon bei seinem Erscheinen wie ein Relikt aus vergangener Zeit. Aber er muss bis 1968 durchhalten, bis zum Debüt des 504. Und doch wird der 404 bis 1974 weitergebaut. Alles durchaus sehr erfolgreiche Modelle. Doch ihnen fehlt diese gewisse Aura einer DS, dieser vorzügliche Bleistiftstrich eines Flaminio Bertoni. Und der besteht ja im Grunde schon seit 1950! Die anderen wirken neben der Göttin wie Schuhkartons auf Rädern. Doch es ist an der Zeit, auch bei der DS optische Retuschen vorzunehmen. Auch eine Göttin muss dem Modegeschmack Rechnung tragen – nach dem Willen Bercots und des Ingenieurteams von Citroën, ohne dabei allerdings die ihr gegebene Aura zu verlieren. Ihr Charakter darf nicht verfälscht werden. Schwierig wird das vor allem an der Front: Die tiefgezogene Haube mit den fast aufgesetzt wirkenden Kotflügeln muss überarbeitet werden, ohne sie zu sehr zu verfälschen. Dabei gilt es, die Finanzen im Hinterkopf zu behalten. Allzu teuer darf es nicht werden. Denn der Doppelwinkel ist knapp bei Kasse. Der 2CV verkauft sich zwar wie die sprichwörtliche warme Semmel, aber viel Gewinn wirft er nicht ab. Auch mit den Absatzzahlen der DS kann man durchaus zufrieden sein, doch das Projekt ist immer noch nicht profitabel. Dazu kommt die Studie einer »Super-DS«, aus der einmal der SM hervorgehen wird. Und wenn man schon dabei ist, dann kauft man Maserati gleich ganz. Man will an die technischen Innovationen der Italiener kommen.

Und weil's so schön ist, übernimmt man auch Panhard komplett. Die Investitionen sind beträchtlich, die Einnahmen hoch. Aber eben nicht hoch genug.

Nun also muss man die Göttin aufhübschen. Aber mit so wenig Aufwand wie möglich, bitteschön. Da gibt es nur leider ein Problem: Der geistige Vater der DS-Linien, Flaminio Bertoni, ist 1964 gestorben. Sein letztes Werk war der Ami 6, seine wichtigste Vision eines barocken Automobils.

Jetzt schlägt die Stunde des Robert Opron. Der Jung-Designer beginnt 1957 seine Karriere bei Simca. 1962 »stolpert« er über eine Annonce: »Großer Industriekonzern sucht kreative Köpfe, die ihre Fähigkeiten bereits unter Beweis gestellt haben. Antworten an den Verlag.« Opron vermutet, dass es sich um Citroën handelt. Er schickt eine Bewerbung. Alle französischen Designer träumen in jener Zeit davon, für Citroën zu arbeiten. Seine Bewerbung scheint Interesse geweckt zu haben; er wird in die Rue du Theâtre 48 bestellt. In seinem Buch »L'Automobile et l'Art« (Sigitta, 2002) erinnert sich Robert Opron an seine Einstellung:

»Ich war etwas zu früh dran und wartete am Eingang in der Rue du Theâtre. Es war eine düstere, schmutzige Umgebung. Da war so ein kleiner Guru, hinter ihm ein Raum mit einem wackeligen Tisch und zwei alten Stühlen. Er forderte mich auf zu warten. Gegen 16 Uhr fuhr ein alter 2CV vor, ein schweißgebadeter Kerl in Shorts kletterte heraus. Es war Bertoni. Er fragte mich, was ich hier mache, ich antwortete ihm, dass ich mich beworben habe. Er schien davon zu wissen. Er wollte meine Referenzen sehen, ich zeigte ihm meine Mappe mit den Arbeiten für Simca. Er breitete sie vor sich aus, einen Rohrstock in der Hand. Er machte mir klar, dass es wertloses Zeug war und fegte die Zeichnungen mit seinem Rohrstock weg, das Papier breitete sich auf dem Boden aus. Ich sagte ihm klipp und klar, dass ich mit seinen Manieren keineswegs einverstanden sei. Da hob er meine Skizzen auf, lächelte mich an und sagte, er sei an mir interessiert. Ich antwortete ihm, dass ich nicht mehr interessiert sei und ging. Fast drei Wochen später erhielt ich einen Arbeitsvertrag. Ich habe es dann mit Bertoni geklärt, er hat es mit Absicht getan, um mein Verhalten zu testen. Er war ein kalter und schroffer Typ. Aber auf seine Art doch ein großzügiger und guter Kerl. Als er Anfang 1964 starb, fühlte ich Trauer und eine große Ungerechtigkeit. Es war wahrscheinlich eine der größten Ungerechtigkeiten überhaupt, dass einer der größten Designer sterben musste.«

Obwohl Opron sein ganz eigenes Verständnis vom Automobil im Besonderen und der Kunst im Allgemeinen hat, wird er die zwei Jahre mit Bertoni als Beziehung zwischen Meister und Schüler verstehen. Nach dem plötzlichen Tod Bertonis beweist Bercot ein glückliches Händchen, indem er Robert Opron zu dessen Nachfolger bestimmt. Er soll die Stilrichtung des Meisters bewahren. Das wird Opron tun – und dabei dennoch seine ganz eigene Note hinzufügen. Der beste Beweis für diesen gelungenen Spagat dürfte der Citroën SM sein.

Doch zuerst muss er sich an die DS wagen. Obwohl Opron seine eigenen Vorstellungen vom Automobil-Design hat, geht er mit dem größten Respekt an die Arbeit, wie ein Restaurator an ein großes Meisterwerk. Doch da wären immer noch die Kosten, die er im Auge behalten muss. Und Opron weiß auch schon, wie er die Sache angehen wird. Er zeichnet eine neue Front, die weit straffer, geglätteter wirkt – und damit harmonischer. Die »Froschaugen« weichen Doppelscheinwerfern hinter Glas. Mit relativ geringem Aufwand hat Opron im Grunde ein neues Auto gezeichnet, ohne dabei Bertonis Geniestreich zu verfälschen. Doch das ist nicht alles: Die Scheinwerfer werden mit einer nützlichen und ungewöhnlichen Funktion ausgestattet. Mit einer Technik, die bereits 1905 patentiert wurde, aber bislang nicht zum Einsatz kam: Sie werden schwenkbar. Im Grunde eine einfache und grandiose Sache. So wie das Lenkrad eingeschlagen wird, bewegen sich auch die innenliegenden Fernscheinwerfer. Das hat bei Nachtfahrten eine deutlich bessere Kurvenausleuchtung zur Folge und verbessert auch wesentlich die Sicherheit.

1968 lässt man die Ur-Göttin DS19 zum Himmel auffahren; allerdings entstehen im Herbst noch einige Exemplare, die demnach dem 1969er-Jahrgang zugeordnet werden. Ihr folgt die DS20, die – wie auch schon die DS21 – neue Motoren besitzt. Jene DS21 liefert ab 1968 103 PS aus ihrem neuen DX2-Motor ab, der auch noch im Nachfolger CX zum Einsatz kommen wird. Alle anderen Änderungen betreffen Kleinigkeiten, wie ein geändertes Armaturenbrett. Die genannten Schwenkscheinwerfer sind nun auch für die Versionen erhältlich, die in Deutschland und der Schweiz verkauft werden, hinzukommen bequemere Sitze und ab 1971 versenkte Türgriffe.

PRÉSTIGE UND PALLAS: LUXUS À LA CITROËN

Im Sommer 1964 präsentiert Citroën ein erstes Sondermodell seiner D-Reihe, die Ausstattungsvariante »Pallas«, ein Modell mit luxuriösem Charakter. Eine Vielzahl von Ausstattungsdetails erlaubt es der DS damit, sich von der Basis-DS/-ID abzugrenzen, deren Ende langsam aber sicher abzusehen ist. Aber was ist es, was die Ausstattung so luxuriös macht? Da wären zum Beispiel die mit Samt der Marke Dunlopillo bezogenen Polstermöbel der »Pallas«-DS. Kein Geringerer als der Hersteller von Luxus-Matratzen Matelassier hat an der Bestuhlung Hand angelegt. Da muss man sich einfach wohlfühlen. Außerdem wurde in besagtem Sondermodell eine höhere Sitzposition umgesetzt. Gerade bei etwas kleiner geratenen Fahrern ein Kritikpunkt, hatten sie doch die Nase ziemlich nach oben strecken müssen, um das vordere Ende ihrer Göttin zu sehen. Die seitlichen Einstiege und die Längsträger werden innen mit einem dickeren Teppich belegt; als Verkleidung kommt an manchen Stellen auch Edelstahl zum Einsatz. Wem das alles zu plüschig ist, der kann optional auf Leder zurückgreifen. Dazu kommen zusätzliche Jod-Scheinwerfer, orangefarbene Blinker, Chromumrandungen um Blinker und Rückleuchten, Türgriffe aus Edelstahl und ein Heckpaneel aus gebürstetem Aluminium. Auch die Felgen bekommen ein besonderes »Pallas«-Design und bleiben dem Sondermodell vorbehalten. Als die »Pallas«-Version auf dem Markt erscheint, wird sie umgehend als ein neues, ein anderes Automobil wahrgenommen. Ihr recht hoher Verkaufspreis befördert die »Pallas«-DS zudem in eine andere Umlaufbahn, sie ist für die wohlhabenderen Kunden gedacht – eine Klientel, die man bislang nicht zur Genüge hofiert hat. Und einem Wirtschaftskapitän oder einem

46 FW 01

ranghohen Politiker kann man ja schlecht einen gefühlten Oldtimer vorsetzen. Immerhin ist die DS ja schon fast zehn Jahre am Markt. Für bestimmte Kunden braucht es eben diesen Hauch von Luxus. Ganz so sträflich hat man die Prominenz allerdings nun auch nicht vernachlässigt. Immerhin lanciert Citroën bereits 1958 das Modell »Prestige«, das allerdings fast ausschließlich auf die Hautevolee, also die ganz großen Bosse und Politiker abzielt. Was sich auch an der Ausstattung festmachen lässt. Auffälligstes Gadget ist die Trennwand zwischen Fahrer und Fondpassagier(en). Der untere Teil ist massiv, der obere besteht aus einer mittels Kurbel versenkbaren Scheibe. Im Handschuhfach befindet sich ein Autoradio, das auch von den »Hinterbänklern« bedient werden kann. Den Kontakt zum Chauffeur stellen sie per Gegensprechanlage her. Die Sitzflächen, sowohl vorne als auch hinten, sind mit Kunstleder bezogen; die Rückenlehnen mit Stoff bespannt. Nach dem Facelift 1967 sind die Sitze komplett beledert. Hinzu kommen kleine Nettigkeiten wie Zigarettenanzünder, Aschenbecher, eine besondere Heizungssteuerung und ein individuelles Lichtdesign. Unnötig zu erwähnen, dass das Prestige-Modell von Beginn an mit einer 12V-Bordelektrik ausgestattet ist. Auch außen weiß die Staatskarosse sich zu unterscheiden. Sie kommt ausschließlich im feinen, schwarzen Gewand daher. Man kann leicht nachvollziehen, dass dieses exklusive Stück nicht auf den normalen Montagebändern einfach so »mitläuft«; die »Prestige« wird nur auf ausdrückliche Bestellung gefertigt. So kann man im Grunde jeden Sonderwunsch mit ordern. Für das Jahr 1959 werden zum Beispiel 30 Stück bestellt. Klingt zunächst wenig, und doch muss ein Teil bei Chapron in Auftrag gefertigt werden. Dort ist die DS allerdings bestens aufgehoben. Wie wir noch erfahren werden, wird Chapron noch mehr besondere Göttinnen aus dem Hut zaubern.

Besonders bemerkenswert ist die Co-Existenz einer »Prestige-ID« – wenn man so möchte, die »Billig-Nobel-Version«. Man fragt sich, wer so etwas braucht und ob Citroën gut beraten ist, so etwas anzubieten. Aber immerhin kann die bessere ID bis 1961 in 50 Exemplaren an den Möchtegern-Promi gebracht werden. Ihre Ausstattung ist deutlich einfacher, auch die Trennwand zum Chauffeur ist bei weitem nicht so aufwändig wie in der entsprechenden DS. Im Grunde ist sie nur eine sehr komfortable ID. Die DS hingegen bleibt bis zu ihrem Produktionsende in jener Variante lieferbar. Bei der Ausstattung ändert sich nicht besonders viel, dafür werden alle technischen Neuerungen übernommen. Ab Juni 1971 bekommt auch die »Prestige« einige Ausstattungsmerkmale der »Pallas«, zum Beispiel dickere Teppiche oder Edelstahlbeplankung.

DS19 / DS20

Technische Daten:
Motor: Reihen-Vierzylinder 1.911 cm³ (1.985 cm³ ab 1966), 75 SAE-PS (83 SAE-PS 1960, 90 SAE-PS 1966, 103 SAE-PS 1969), Graugussblock mit Aluminium-Zylinderkopf, seitliche Nockenwelle, Wasserkühlung, Einfach-Vergaser (Doppelvergaser 1960)
Getriebe: Vorderradantrieb, wahlweise 4- oder 5-Gang-Getriebe, mechanisch oder hydraulisch betätigte trockene Einscheiben-Kupplung oder hydraulisch betätigte Halbautomatik.
Karosserie: Fünfsitzige Limousine mit vier Türen, selbsttragende Stahlkarosserie mit geschraubten Anbauteilen und partiell Aluminium- und Kunststoffteilen.
Fahrwerk: Von Citroën entwickelte Hydropneumatik
Bremsen: Vorne Scheiben-, hinten Trommelbremsen, hydraulisch unterstützt.
Abmessungen: (LxBxH) 4,84x1,79x1,47 Meter, Radstand 3,12 Meter, Spurweite vorne/hinten 1,50/1,30 Meter
Gewicht: Zwischen 1.095 und 1.310 Kilogramm
Reifen: Vorne/hinten 165x400/155x400 (180x380/155x380 1966)
Höchstgeschwindigkeit: 145 – 165 km/h

Das »Karpfenmaul-Endrohr« ist zu jener Zeit ein beliebtes Accessoire. Für viele wirkt es ästhetisch.

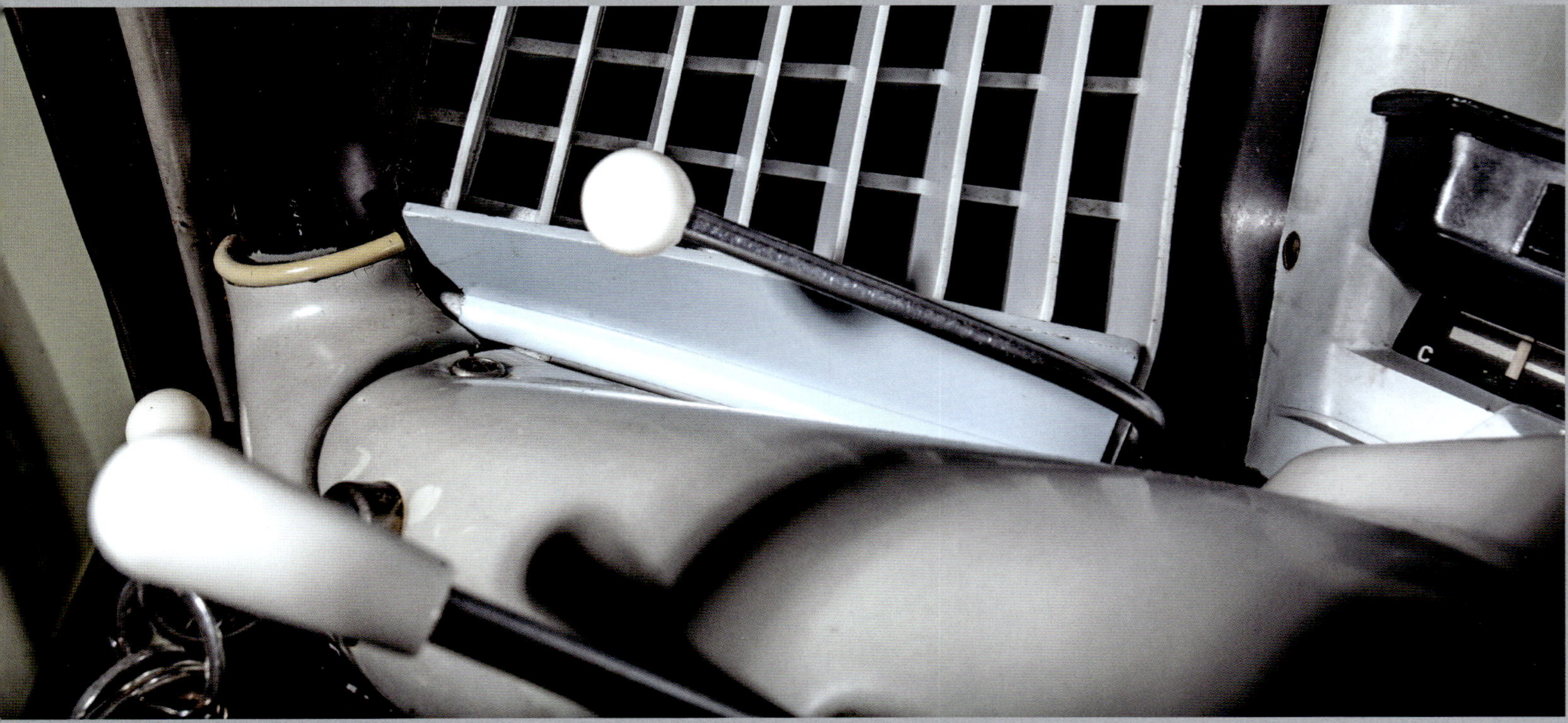

Bis ins kleinste Detail wurde nach einer stilsicheren Verbindung von Form und Funktion gesucht.

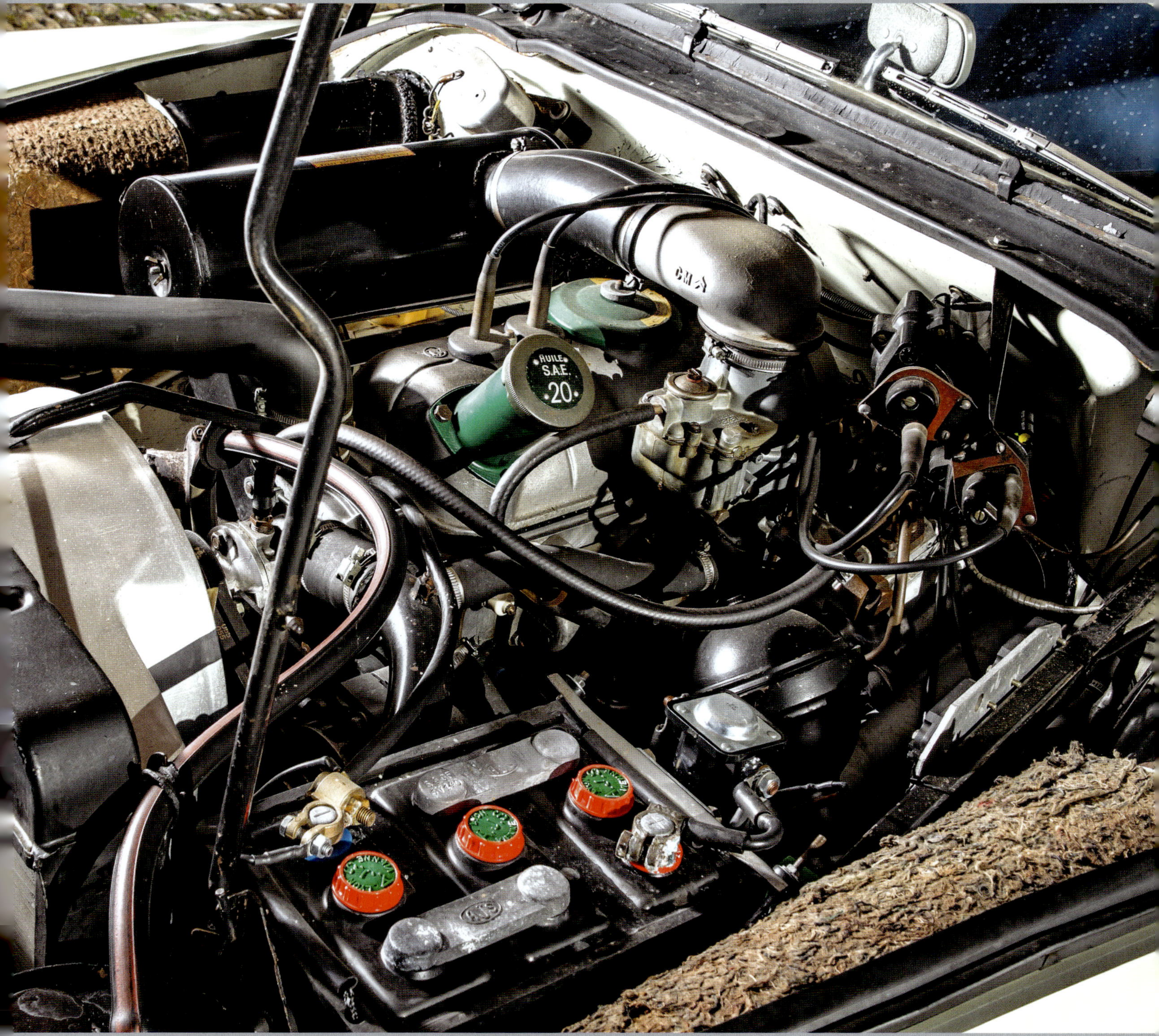

Vom Motorblock des 11CV-Motors des Traction Avant abgeleitet, erhält der Vierzylinder-Motor der DS19 jedoch etliche Besonderheiten.

KAPITEL 2

DS21 – DER SOZIALE AUFSTIEG BEGINNT

MITTE DER 1960ER KANN CITROËNS DS BEREITS AUF EINE FAST ZEHNJÄHRIGE KARRIERE ZURÜCKBLICKEN. SIE HAT DURCHAUS FORTSCHRITTE GEMACHT, IN VIELEN, ABER NICHT ALLEN BELANGEN. NEBEN DER DS HAT SICH DIE ID19 ETABLIERT, AM UNTEREN SPEKTRUM ANGESIEDELT WIRD DIE KLUFT ZWISCHEN DS UND ID JEDOCH IMMER ENGER. SODASS SICH DIE DS-ZIELGRUPPE IMMER ÖFTER IN DER ID WIEDERFINDET. DIE FRAGE LAUTET: »WIRD DIE DS ÜBER KURZ ODER LANG IHRE VORMACHTSTELLUNG VERLIEREN?« – CITROËN MUSS ALSO HANDELN, WILL MAN WEITER BEI DER HAUTEVOLEE PUNKTEN. VON ANFANG AN SIND DIE RUFE NACH EINEM STÄRKEREN MOTOR UNÜBERHÖRBAR. UND CITROËN WIRD DEN ELITÄREN RUF ERHÖREN. DIE ANTWORT IST DIE DS21.

Mit der DS21 übernimmt der große Citroën das Zepter in Sachen Leistung und Komfort.

Den Abschied von der DS19 läutet man 1966 ein, und lanciert im Herbst 1965 (für das folgende Jahr) die DS21. Zwar bleibt die DS19 (offiziell) noch bis 1968 im Programm, doch es herrscht »Göttinnen-Dämmerung« am Quai de Javel. Man trennt sich eben nur schwer von der Ur-Mutter aller Himmelswesen. Doch es muss sein. Die DS21 bekommt einen neuen Reihen-Vierzylinder, den Motor des Typs »DY«. Bohrung x Hub 90x85,5 mm ergeben 2.175 cm^3, die für 109 SAE-PS gut sind. Mit einer Höchstgeschwindigkeit von 175 Stundenkilometern steigt sie auf in den Olymp, wo schon der Über-Teutone Mercedes 220S und Britanniens Jaguar Mk2 4,2 wohnen.

Natürlich hebt sich die DS21 in einigen Details von der DS19 ab. Zunächst erkennt man die Neue an einem goldenen Monogramm auf der rechten Seite des Kofferraumdeckels. Somit baut Citroën innerhalb der DS-Baureihe eine Hierarchie auf. Im Innenraum wird das Cockpit immer vollständiger. So zeigt zum Beispiel eine Kontrollleuchte an, wenn die Bremsbeläge etwas zu dünn werden, die Scheinwerfer-Höhenverstellung erfolgt nun ganz automatisch und die Tute tutet fortan als Dreiklang- und nicht mehr nur als Zweiklang-Tute. Schalten kann man in der DS21 optional hydraulisch oder rein mechanisch und selbstverständlich übernimmt auch die DS21 die optischen Retuschen des Jahrgangs 1967. Am 7. Oktober 1969 läuft die DS Nummer 1.000.000 vom Band – fast auf den Tag genau 14 Jahre nach ihrer Präsentation. Grund genug für ein von den Medien ausgelobtes Preisrätsel. Im Rahmen des Pariser Autosalons wird, vom deutsch-französischen Sender Europe 1 organisiert, am 14. Oktober um 14.00 Uhr der Fahrzeugschlüssel überreicht. Ein 22-jähriger Student erhält seinen Preis von Moderator Christian Barbier und dem Sänger

Mit jedem Jahr verliert die DS etwas mehr von ihrer ursprünglichen Schlichtheit zugunsten von mehr Chrom und Zubehör, ganz dem Zeitgeist und der Mode folgend.

CE-136-MC

Die von Matelassier bezogenen Dunlopillo-Sitzmöbel können optional auch in Leder geordert werden. Besonders das Armaturenbrett ist zu beachten; vollständiger kann die Instrumentierung kaum sein.

Dani. Ein Medienspektakel. Für das Jahr 1969 bleibt noch anzumerken, dass der Leistungspegel auf 115 SAE-PS klettert. Im Folgejahr tut sich dann richtig was unter der monumentalen Aluminiumhaube. Die DS21 bereitet künftig das zündfähige Gemisch nicht mehr in einem profanen Vergaser, sie bekommt eine elektronische Einspritzung – und ist somit das erste französische Auto das ein solches Feature erhält. In Europa ist die DS immerhin das zweite Fahrzeug, neben dem ewigen Konkurrenten aus Untertürkheim, der S-Klasse W108/W109, mit dieser Technik. Damit steigert die Göttin ihre Leistung auf 139 SAE-PS, was in etwa 125 DIN-PS entspricht und für mehr als ordentliche 187 Stundenkilometer reicht. Mit diesen Fahrleistungen sorgt die DS21 dafür, dass sich die Göttin von der Konkurrenz deutlich abhebt. Obgleich sie damit in Sphären entschwebt, wo es keine wirklichen Konkurrenten mehr gibt. Doch am Quai de Javel bleibt man bescheiden, lediglich ein kleines, fast schon unscheinbares Monogramm »i.e.« deutet auf dem Kofferraumdeckel auf die technische Innovation hin. Für den letzten Jahrgang der DS21 haut man bei Citroën nochmal ordentlich auf den Putz. Man bietet ein Automatikgetriebe an und, weit aufsehenerregender, eine Klimaanlage. Im September 1971 bringt man für die 72er-Modelle diese Extras in die Preislisten. Besonders die Klimaanlage steht für großartigen Luxus. Allerdings ist auch der Preis

exorbitant. Äußerlich erkannt man die klimatisierten Göttinnen an Löchern in der Stoßstange, was die Kühlleistung deutlich verbessert. Doch schon im Jahr darauf wird die DS21 ersetzt. Die DS23, die als ultimative Göttin angesehen wird, betritt die Bühne.

DIE AKTE BORGWARNER

Das Automatikgetriebe, das nur für die DS21 angeboten wird, ganz gleich ob Vergaser- oder Einspritzer-Modell, ist eine Dreigang-Box des Herstellers BorgWarner. Man verspricht sich viel bei Citroën, insbesondere beim Komfort und dem Fahrgefühl. Doch die BorgWarner-Automatik wird keinen Grund zur Freude liefern, das Gegenteil ist der Fall. Und das vollkommen zu Recht.

Der Vorteil eines Automatikgetriebes liegt bekanntermaßen auch in der bequemen und einfachen Bedienung. Nun ist die hydropneumatische Schalterei in der DS auch nicht komplizierter, ganz im Gegenteil. Und ob dieser geringfügige Komfortgewinn einen Verlust von zehn Stundenkilometern bei der Höchstgeschwindigkeit rechtfertigt? Ganz zu schweigen von einem enormen Mehr-Verbrauch von rund drei Litern auf hundert Kilometern. Und ganz zu schweigen von der miserablen Zuverlässigkeit. Die Unterschiede sind in der Tat signifikant.

Während der BorgWarner-Kasten dreimal schaltet, verfügt die Citroën-Hydropneumatik-Schaltung über vier Fahrstufen, die auch noch kürzer übersetzt sind. Beim Automatikgetriebe ersetzt ein Drehmomentwandler die Kupplung, bei der Citroën-Lösung ist die Hydropneumatik eh schon da. Äußerlich ist die DS mit dem besonderen Antrieb leicht zu identifizieren. Sie ahnen es, auf dem Kofferraumdeckel prangt der Schriftzug »Automatique«. Aber auch unter dem Blech erkennt man den Unterschied recht schnell. Neben dem Reserverad lugt ein Messstab hervor, mit dem sich der Ölstand des Automatikgetriebes kontrollieren lässt.

Für den Einbau des BorgWarner-Getriebes in die DS ruft Citroën einen Mehrpreis von 2.500 Francs auf. Zweifelhaft, ob diese Summe wirklich gut angelegt ist.

Einer der wenigen Kunden, die eine Automatik-DS bestellen, ist ein gewisser Valéry Giscard d'Estaing. Kaum verwunderlich, dass der Élysée-Palast Mitte der 1970er-Jahre auch noch einen konventionelleren Peugeot 604 ordert.

PRESSESTIMMEN ZUR DS21

Um ein Gefühl dafür zu bekommen, welche Bedeutung der Einspritzer-Version der DS21 wirklich innewohnt, muss man sich nur einmal die Reaktionen der Presse jener Zeit ansehen. Insbesondere das Statement von André Costa, Journalist und Herausgeber der Zeitschrift »l'Auto-Journal«, das er 1969 abgibt:

»Warum leugnen? Es ist eine Offenbarung! Die DS ist nun fast 15 Jahre alt, aber erst jetzt wurde sie zu einem vollwertigen Automobil. Egal, wie oft wir schon über eine elektronische Einspritzung redeten, wie oft wir auf ein Wunder hofften, es gibt keine Alternative. Sicher, man hätte den 2,2-Liter-Motor überarbeiten oder gar vergrößern können. Doch die Einspritzung ist im Grunde die logische Fortführung bestehender Technik. Mit seinen 139 SAE-PS bei 5.500 Umdrehungen pro Minute macht der Motor die DS21 endlich zum bequemen und schnellen Reisewagen, der sie schon immer sein sollte. Absolut Autobahn-tauglich, sie kann mithalten, keine Frage. Und so kann Citroën vielleicht auch jene DS-Kunden zurückgewinnen, die zur Konkurrenz abwanderten. Denn die sind in alle Winde verstreut, haben sich aus der großen Auswahl, auch ausländischer Fabrikate, bedient. Mit dabei helfen könnten auch die nicht zu leugnenden Einsparungen, was die Wartungskosten angeht. Gut, wirft man einen Blick unter die lange Motorhaube, dann steht man vor einem wahren Dschungel aus Metall, Gummi und Kunststoff. Wenn man sich dann aber anschaut wie andere Hersteller, insbesondere auch ausländische Produzenten, ihre Fahrzeuge zusammenschustern, dann sollten sie noch eines beachten: Sie sollten sich gegen Citroën wappnen. [...] So oder so, auf jeden Fall ist die DS des Jahres 1970 ein einziger Triumphzug, Sinnbild der Ausgewogenheit. [...] Die Qualitäten dieses Autos werden die Zielgruppe wieder auf die DS blicken lassen, vor allem jene neugierig machen, die auf höchsten Komfort Wert legen. Mehr als fast alle ihre europäischen Konkurrenten, deren strahlender Stern oftmals dazu neigt einen kindlichen Charakter an den Tag zu legen, zeigt sie doch sehr deutlich was sie ist: ein Fahrgerät für alle Lebenslagen.«

Die Pallas-Radkappen decken die gesamte Felge ab. Das Einspeichen-Lenkrad bekommt eine Lederverkleidung.

TANCE D'ARRE
20 40

DS21

Technische Daten:
Motor: Reihen-Vierzylinder 2.175 cm³, 109 SAE-PS bei 5.500 U/min (115 SAE-PS, 139 SAE-PS mit Einspritzung 1969), Graugussblock mit Aluminium-Zylinderkopf, seitliche Nockenwelle, Wasserkühlung, Doppelvergaser oder elektronische BOSCH-Einspritzung
Getriebe: Vorderradantrieb, wahlweise 4- oder 5-Gang-Getriebe, mechanisch oder hydraulisch betätigte trockene Einscheiben-Kupplung oder hydraulisch betätigte Halbautomatik. Ab September 1971 Dreistufen-Automatik von BorgWarner.
Karosserie: Fünfsitzige Limousine mit vier Türen, selbsttragende Stahlkarosserie mit geschraubten Anbauteilen und partiell Aluminium- und Kunststoffteilen.
Fahrwerk: Von Citroën entwickelte Hydropneumatik
Bremsen: Vorne Scheiben-, hinten Trommelbremsen, hydraulisch unterstützt.
Abmessungen: (LxBxH) 4,87x1,79x1,47 Meter, Radstand 3,12 Meter, Spurweite vorne/hinten 1,50/1,30 Meter
Gewicht: 1.280 Kilogramm
Reifen: Vorne/hinten 180x380/155x380
Höchstgeschwindigkeit: 175 – 187 km/h

Dank eines einfachen Typenschildes sind die DS-Modelle gut zu erkennen.

Am Hinterteil sollt ihr sie erkennen: Die Typenbezeichnung prangt in güldenen Lettern auf dem Kofferraum. Göttlichkeit verpflichtet …

In der »Pallas«-Ausstattung sind auch die Türen mit Leder bezogen und die Griffschalen sind verchromt.

Alle Informationen werden hier zusammengefasst; die Schalter sind ergonomisch und nutzerfreundlich angeordnet.

Der Blick unter die Haube entdeckt zuerst das Reserverad. Im Bild rechts gut zu erkennen: der Behälter für die Hydraulikflüssigkeit.

KAPITEL 3

DS23 – DER SCHWANEN-GESANG

IN DEN 1970ERN SIND DIE WÜRFEL PRAKTISCH SCHON GEFALLEN. DIE ZWEIFELSOHNE MAJESTÄTISCHE GÖTTIN WIRD MIT EHRUNGEN UND LOBLIEDERN ÜBERHÄUFT. ES ZEIGT SICH, DASS DIE VON CITROËN UND DER PRESSE MITTE DER 50ER ANGEKÜNDIGTE LEBENSDAUER VON ZWANZIG JAHREN KEIN LEERES VERSPRECHEN WAR. AUCH WENN DIE POLITIK NICHT WIRKLICH ETWAS DAFÜR TAT, CITROËN ZU UNTERSTÜTZEN – ALS NATIONALES SYMBOL BETRACHTETE MAN DIE DS DENNOCH NUR ALLZU GERNE. NUN FOLGT DIE LETZTE EVOLUTIONSSTUFE, DIE DAS GÖTTLICHE ZEPTER HOCHHALTEN UND DIE VERFOLGER DER DS, INSBESONDERE DIE DEUTSCHEN, AUF ABSTAND HALTEN SOLL.

Mit der DS23 erreicht die D-Reihe ihren Höhepunkt, auch leistungsmäßig. Vergaser- und Einspritz-Motor führen in dieser höchsten Evolutionsstufe eine Koexistenz.

Vier Millimeter. Derer nun 94 statt 90. Um genau diese vier Millimeter vergrößert man die Bohrung des Reihen-Vierzylinders auf jetzt exakt 2.347 cm^3. Und damit wird die Göttin ihre letzte Schlacht schlagen, sie hat mit der Ur-DS, der 1955 eingeführten DS19 nicht mehr viel gemein und nennt sich nun, in logischer Konsequenz, DS23. Im September 1972 (also für den Modell-Jahrgang 1973) kann man die Über-Göttin käuflich erwerben. Entweder mit einem Vergaser bestückt, der 115 DIN-PS abliefert, oder als Einspritzer mit 130 DIN-PS. In letztgenannter Variante liegt die Höchstgeschwindigkeit Welten von der DS19 des Jahres 1955 entfernt, bei rund 190 Stundenkilometern. Den ersten Kilometer aus dem Stand schafft die DS23 in 33 Sekunden. Diese Werte machen die DS zu einer der beliebtesten Limousinen der Welt, überdies auch noch effizient und sicher. Da wundert man sich, dass auch noch andere Autos gekauft werden. Welche anderen Autos eigentlich? Sie ist das Maß aller Dinge. Alleine schon bei der Wahl der Kraftübertragung ist sie unschlagbar. Entweder nimmt man das mechanische Fünfgang-Getriebe oder die BorgWarner Dreistufen-Automatik. Wem das nicht zusagt, der setzt auf die Citroën-typische Hydropneumatik, die vierstufige Halbautomatik.

Als sich ihr irdisches Dasein seinem Ende nähert, muss man feststellen, dass sich die DS noch immer hervorragend verkauft. Keiner unter den Hardcore-Citroënisten will etwas von Nachfolge oder Wachablösung hören. Und doch steht der Nachfolger schon in den Startlöchern: der CX. Zwar wird er noch bei Citroën entwickelt, sein Debüt feiert er jedoch unter der Herrschaft von Peugeot. Denn der Erbfeind aus Sochaux hat den Doppelwinkel gefressen. Dafür kann Citroën den zwangsläufig zu erwartenden Konkurs abwenden. Denn die Zeit der großen Limousinen erhält einen Dämpfer. Durch die Ölkrise und die daraus resultierenden Geschwindigkeitsbegrenzungen von 130 km/h auf Autobahnen. Kein Wunder also, dass auch bei der Göttin der Rotstift angesetzt wird. Die mechanische Fünfgang-Box entfällt. Und 1975 tritt die »Ultimative« ihre letzte Reise an. Am 24. April 1975 rollt die letzte DS von den Bändern. Eine »DS23 i.e.« mit der Pallas-Ausstattung in »Deltablau«. Und der Nummer 1.330.755.
Ende einer Legende…

Die Türgriffe sind eingelassen, was ein harmonischeres Bild ergibt.

DS23

DER SCHWANENGESANG

DS-7

Auch im Innenraum sind Fortschritte zu erkennen. Die Sitze haben Kopfstützen und das Armaturenbrett ist 70er-Jahre-typisch in schwarzem Kunststoff gehalten.

TEST DER DS23 VOM NOVEMBER 1972

Erneut stammt dieser Bericht von André Costa, wieder wurde er im »l'Auto-Journal« veröffentlicht:

»Wir hätten sicherlich ein vernichtendes Urteil abgegeben, wäre die DS ein veraltetes Auto. Dies ist jedoch nicht der Fall. Sie debütierte 1955, wir schreiben mittlerweile das Jahr 1973. Die DS ist also 18 Jahre alt, für ein Auto ein enormes Alter. Und das in einer Zeit, wo die Hersteller fast schon im Jahres-Takt neue Modelle auf den Markt werfen. Und die DS des Modelljahrgangs 1973 hat mit der DS19 des Jahres 1955 nicht mehr viel gemein. Außer dem Erscheinungsbild. In diesem Zusammenhang kommt man nicht umhin, die Schöpfer dieses einzigartigen Bildes zu beglückwünschen. Wir leben nicht in einer ausschließlich durch die Kunst geprägten Welt. Und auch nicht in einer stabilen Zeit, bezogen auf Mode, Kontinuität und Qualität. Bei der unerbittlichen Suche nach dem Neuen muss man feststellen, dass die DS veraltet ist. Und doch ist sie modern. Man muss zugeben, dass besonders die Frontpartie, dreidimensional betrachtet, plump und schwerfällig wirkt. Auch das Heck ist, bedingt durch die relativ kleine Heckscheibe, nicht gerade Klassenprimus in Sachen Rundumsicht. Aber in der Summe gibt sie noch immer ein äußerst positives Gesamtbild ab.

DS-719-EC
01

DS23

DER SCHWANENGESANG

Für diesen Test hatte ich zwei Versionen zur Auswahl. Die Entscheidung fiel auf eine DS23 mit Einspritzung und Hydraulikgetriebe in der »Pallas«-Ausstattung. Dazu sei noch erwähnt, dass der unbestrittene Erfolg der DS im Besonderen auch durch die »Pallas«-Ausstattung bedingt ist. Bevor ich überhaupt mit dem Test begonnen habe, fiel mir ein wesentliches Unterscheidungsmerkmal zwischen DS21 du DS23 auf: der Fahrersitz. Denn dieser ist nicht nur in der Länge, sondern auch in der Höhe verstellbar. Ein unbedingtes Muss für etwas kleinere Fahrer, die manchmal Mühe haben, die voluminöse Front zu überschauen. Außerdem lässt sich so die bequemste Position einstellen, für eine ermüdungsfreie Fahrt. Ein wichtiger Punkt in Sachen Sicherheit.

Doch zum Wesentlichen, zunächst zum Motor. Ich habe es stets bedauert, dass die DS-Reihe im Vergleich zu anderen vergleichbare Wagen untermotorisiert ist. Bei dieser DS ist das vollkommen anders, die Schwächen hat sie hinter sich gelassen und große Fortschritte gemacht, vor allem in Sachen Belastbarkeit und Elastizität. Der Kunde nimmt es zur Kenntnis, stellt fest, dass die DS zu einem vollwertigen Auto geworden ist. Sie ist in jeder Hinsicht angenehmer. Sie ist schnell, deutlich leistungsfähiger und leiser, und sie ist nahezu frei von Vibrationen. In allen Belangen hat die DS23 an Sensibilität und Sanftmut dazugewonnen. Und sie setzt ein Zeichen in der Hierarchie der schnellen Personenkraftwagen. Ich weiß, es wird mit der Zeit langweilig, wenn man immer und immer wieder fast schon ekstatisch über das Handling der DS berichtet. Aber es ist nun einmal so, dass ihre Handhabung fantastisch ist. Die DS ist bemerkenswert sicher, insbesondere für durchschnittliche Fahrer, weil sie kleine Fehler großmütig verzeiht. Hauptsächlich bei höherer Geschwindigkeit und auf schlechten oder gar glatten Straßen. Verlässt der Fahrer die kleinen Landstraßen und steuert die Autobahn an, so wird er feststellen, dass die DS trotz ihres Gewichtes über sich hinauswächst. Was sie allerdings mit regelrechter Völlerei quittiert, die man getrost als maßlos bezeichnen kann.

Citroën ist es in 18 Jahren gelungen, einen großen, komfortablen und schnellen Reisewagen zu entwickeln. Würdig für die Straßen, die wir haben sollten und die wir letztendlich haben. Es ist leicht, und auch legitim, zu spötteln. Doch am Ende des Tages zählt nur das Ergebnis. Die letzte Hubraumerhöhung verlieh der DS eine neue Dimension, wenn man so möchte einen zweiten, oder sogar dritten Frühling. So sollte sie es schaffen, eine potenzielle Klientel anzulocken. Ich sehe im europäischen Vergleich kaum einen Wagen, der in der Lage wäre, einen vergleichbaren Kompromiss von Komfort, aktiver und passiver Sicherheit und Zuverlässigkeit einzugehen. Der geneigte Leser wird wohl den Eindruck gewinnen, dass ich mich in einer Art Chauvinismus ergehe. Doch das Lob ist angebracht, auch nach fast 20 Jahren ist die DS noch immer eine gute Empfehlung!«

Mitte der 70er, 20 Jahre nach ihrem Erscheinen, ist sie noch immer das Maß aller Dinge. Aus Angst, von ihrem Nachfolger enttäuscht zu sein, sorgen die DS-Kunden noch einmal für einen Auftragsboom.

DS23

Technische Daten:
Motor: Reihen-Vierzylinder 2.347 cm³, 115 DIN-PS bei 5.500 U/min (130 DIN-PS bei 5.250 U/min mit Einspritzung), Graugussblock mit Aluminium-Zylinderkopf, seitliche Nockenwelle, Wasserkühlung, Doppelvergaser oder elektronische BOSCH-Einspritzung
Getriebe: Vorderradantrieb, wahlweise 4- oder 5-Gang-Getriebe, mechanisch oder hydraulisch betätigte trockene Einscheiben-Kupplung oder hydraulisch betätigte Halbautomatik. Wahlweise auch mit Dreistufen-Automatik von BorgWarner lieferbar.
Karosserie: Fünfsitzige Limousine mit vier Türen, selbsttragende Stahlkarosserie mit geschraubten Anbauteilen und partiell Aluminium- und Kunststoffteilen.
Fahrwerk: Von Citroën entwickelte Hydropneumatik
Bremsen: Vorne Scheiben-, hinten Trommelbremsen, hydraulisch unterstützt.
Abmessungen: (LxBxH) 4,87x1,79x1,47 Meter, Radstand 3,12 Meter, Spurweite vorne/hinten 1,50/1,30 Meter
Gewicht: 1.300 Kilogramm
Reifen: Vorne/hinten 180x380
Höchstgeschwindigkeit: 190 km/h

Die Türverkleidungen der DS23 sind zweifarbig (außer bei schwarzer Ausstattung) und bestehen aus verschiedenen Materialien. Der Stoffbezug der Armlehnen trägt wesentlich zum Komfort bei.

Das schwarze Cockpit von Jaeger ist unter den DS-Anhängern nicht gerade das Beliebteste, vor allem wegen seiner massiven Erscheinung. Aber die Instrumente sind sehr gut ablesbar.

Edles Finish speziell für die »Pallas«-Versionen, Schriftzug und allerlei Chrom, auch bei den berühmten Blinker-Kegeln.

Mercedes brachte als erster Hersteller die elektronische Einspritzung in einem Serienfahrzeug; Citroën als zweiter machte diese Erfindung bekannt.

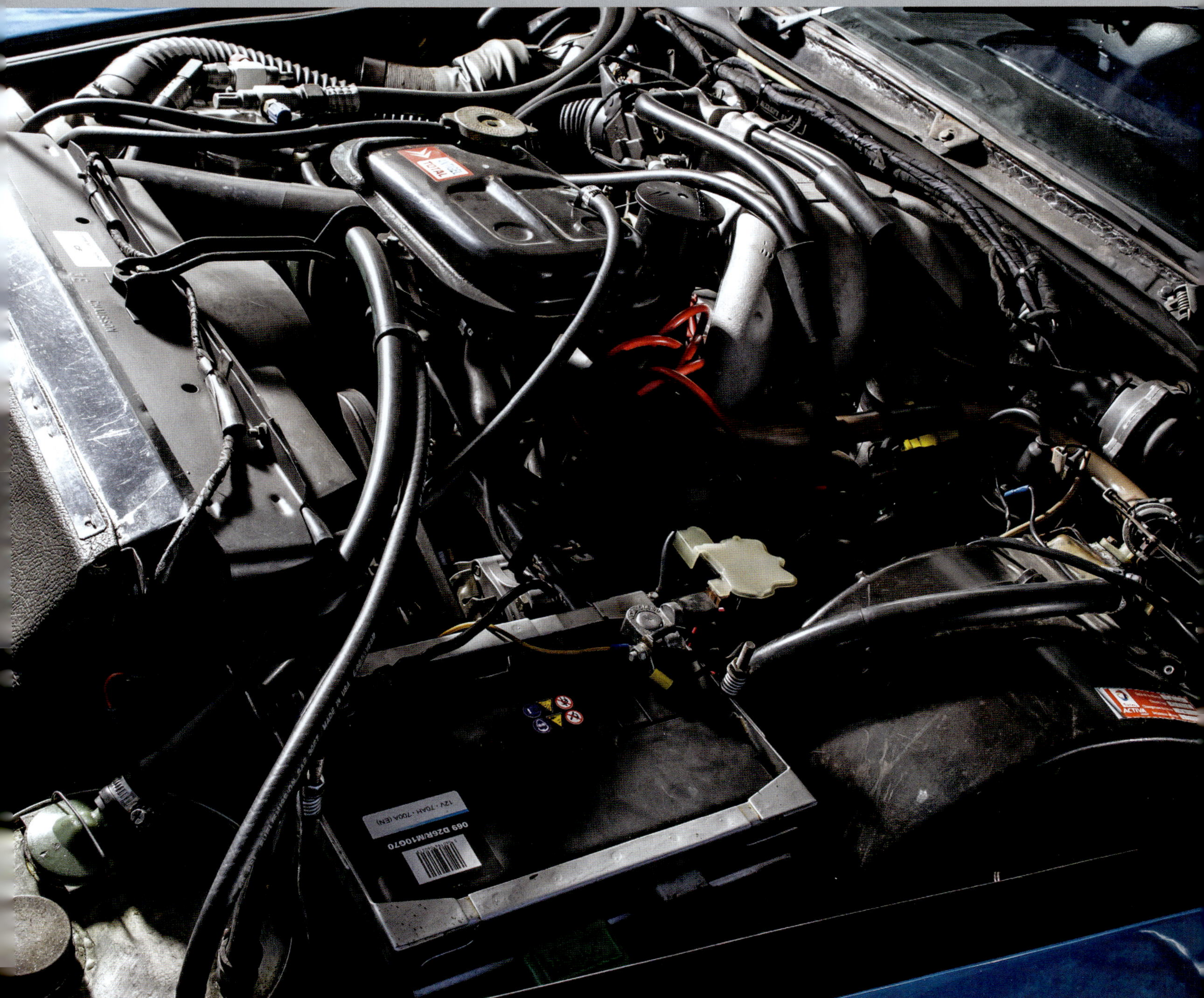

Mit der Einspritzung erreicht der 2,3-Liter-Motor 130 DIN-PS!

DIE ID –
EINE GUTE IDEE

ZU EINEM SEHR HOHEN PREIS VERKAUFT, FEHLT ES DER DS19 ANFÄNGLICH AN ZUVERLÄSSIGKEIT. SIE BRINGT NICHTS EIN AUSSER PROBLEME UND EINEN WACHSENDEN SCHULDENBERG. SICHER, MAN PLANT LÄNGERFRISTIG MIT DER DS, ÜBER EINEN ZEITRAUM VON MINDESTENS ZEHN, BESSER NOCH 15 ODER 20 JAHREN. DOCH CITROËN MUSS LIEFERN. UND ZWAR JETZT! ZWAR KANN EINE MASSENABWANDERUNG VERHINDERT WERDEN, WEIL MAN POTENZIELLEN DS-KUNDEN IMMER NOCH DEN TRACTION AVANT ANBIETEN KANN, ABER DAS KANN NUR EINE NOTLÖSUNG BLEIBEN. ES GILT, AUCH DIE »TRACTIONISTEN« VON DER DS ZU ÜBERZEUGEN. DA REIFT IM HAUSE CITROËN EINE GUTE IDEE. IM WORTSINNE...

Diese ID von 1965 zeigt, dass man schon ganz genau hinsehen muss, um sie von der vergleichbaren DS zu unterscheiden. Die Radkappen sind ein erster Hinweis.

KAPITEL 4

Der »Medien-Tsunami« vom Oktober 1955 beschert Citroën volle Auftragsbücher. Hunderte, gar Tausende DS werden in den ersten Tagen und Wochen geordert. Doch der Absatz der Göttin bricht plötzlich zusammen. Das hat gleich mehrere Gründe. Einer ist der exorbitante Preis von 930.000 Francs. Während der Peugeot 403, zwar deutlich altbackener, aber auch deutlich zuverlässiger, nur 775.000 Francs kostet (doppelt so viel wie ein 2CV) und bei der Provinz-Prominenz großen Anklang findet. So gesehen verwundert es schon, wie Citroën zu Beginn so viele Käufer finden konnte. Umso mehr, weil die DS (wie schon mehrfach erwähnt) unter Qualitätsmängeln, sogenannten »Kinderkrankheiten« leidet. Potenzielle Kunden, sogar unter eingefleischten »Citroënisten«, werden abgeschreckt. Wie wir wissen, wird es die Marke mit dem Doppelwinkel schaffen, die Probleme zu beheben und über die normalen Garantiebedingungen hinaus vieles auf Kulanz zu regeln, was Kunden zurückgewinnt, wenn auch nicht in gewünschtem Maße. Denn da sind auch noch die eingefleischten »Tractionisten«, die an der alten Kutsche hängen, weil sie preiswerter und stärker ist als die DS. Citroën ist sich dessen vollkommen bewusst und plant für den 1956er-Salon einen weiteren Coup: eine neue Version der D-Reihe. Diese wird zum Volltreffer; sie wird die Wogen glätten und die beruhigen, die nur zu gerne eine DS hätten, aufgrund der Probleme aber zögern. Citroën lanciert die ID19. ID, sprich »Idée«. Und in der Tat, das war eine wirklich gute Idee. Sie ist so etwas wie eine Spielart der DS: Sie sieht aus wie die DS, ist aber keine. Die ID ist deutlich einfacher gestrickt, vor allem verzichtet sie auf den Hauptgrund der meisten Reklamationen: die Hydraulik. Lediglich die Federung erfährt hydraulische Unterstützung; alle anderen Komponenten wie Bremsen,

Viele Kunden der D-Reihe werden die ID der DS vorziehen. Vermutlich auch, weil das Fahren mit Schaltgetriebe einfacher ist.

DIE ID

EINE GUTE IDEE

1974 ist die DSuper die Quintessenz der ID-Reihe, deren Gene sie trägt.

Lenkung, Getriebe, werden rein mechanisch betrieben. Auch auf weitere Dinge muss man verzichten: Die Scheinwerferringe sind nun in Wagenfarbe lackiert; Citroën wird allerdings ab dem 1957er-Jahrgang wieder Chromringe einführen. Außerdem macht der Hersteller Abstriche bei den Türgummis, beim Dachhimmel, den Armlehnen, der hinteren Sitzheizung, der Zeituhr und noch einigen anderen netten Eigenschaften der DS. Dafür lässt sich die Ausfallquote drastisch nach unten drücken, ebenso der Preis.

An der Spitze der ID-Reihe steht das Modell »Comfort«, das eine reichhaltige Ausstattung vorzuweisen hat, ohne jedoch mit der DS zu konkurrieren. Sie verfügt unter anderem über Teppichboden, Liegesitze, Armlehnen und eine Zeituhr im Armaturenbrett. Am unteren Ende der Ausstattungsskala ist die Ausführung »Normale« positioniert. Ihr fehlen zum Beispiel die vorderen Einzelsitze; sie muss mit einer durchgehenden Sitzbank auskommen. Im Gegensatz zu den 66 SAE-PS der »Comfort«, muss sich die normale ID mit 62 Pferdestärken begnügen. Ebenso landet das Reserverad im Kofferraum, auf einer in RAL-schwarz lackierten Felge. Doch nach und nach wird sich die Ausstattung der ID insgesamt weiter verbessern und immer weiter an die Standard-DS herantasten. So wird auch das Bremsen ab 1962 hydraulisch unterstützt; optional gibt es auch die hydraulische Lenkhilfe. 1965 bekommt die ID das Armaturenbrett aus Metall der DS, das bei jener schon seit drei Jahren verbaut wird. Darüber hinaus steigt die Leistung auf 75 SAE-PS, wie bei der ursprünglichen DS19. Als 1965 die DS21 erscheint, bekommt die ID19 konsequenterweise den inzwischen überarbeiteten DS19-Motor, der 81 SAE-PS abliefert. 1967 erhält die ID den 1.985-cm³-Motor der DS, allerdings nur mit 84 SAE-PS anstelle der 90 Pferdchen der DS.

DIE ID REIFT ALLMÄHLICH ZUR DS

1967, also für den 68er-Jahrgang, wird die D-Reihe optisch aufgewertet. Das gilt sowohl für die DS, als auch für die ID. Beide Schwestermodelle profitieren so von der neuen, legendären Über-

Die Innenausstattung der DSuper hat so einiges zu bieten und ist ziemlich nahe am Flaggschiff der D-Reihe, der DS23.

Zum Ende hin bekommen alle Modelle der D-Reihe das schwarze Armaturenbrett mit den Rundinstrumenten von Jaeger.

arbeitung. Fangen wir in der Hierarchie unten an, bei der ID. Sie wird also auch erneuert, obwohl man die ID-Reihe 1969 mit der ID20 erweitert. Damit vergrößert Citroën den Kreis der potenziellen Kunden; die ID20 ist deutlich näher an der DS20, die ebenfalls neu am Markt ist. Denn beide bekommen den neuen Motor mit 1.985 cm³, der in beiden Wagen 103 SAE-PS bereitstellt. Die ID20 ist weniger anfällig dank des mechanischen Getriebes, dafür ist die DS20 bequemer dank ihrer Hydropneumatik. Es ist in jenen Tagen wirklich sehr schwierig, beim Kauf eines Citroëns zwischen der ID20 und der DS20 zu entscheiden. Doch es wird noch schlimmer kommen – und zwar 1970 mit dem Verschwinden der ID19. Das heißt, eigentlich verschwindet sie gar nicht; man ändert den Namen der Schwester. Aus der ID19 wird die »DSpécial«, aus der ID20 die »DSuper«. Allerdings bleibt die interne Bezeichnung bestehen; in den Fahrzeugpapieren steht immer noch ID19 respektive ID20. Die neue Nomenklatur ist perfekt gewählt, assoziiert sie doch eine noch engere Bindung an die DS. Man steigert die Leistung der ID20/DSuper auf 91 SAE-PS und spendiert ihr die Ausstattung der DS »Comfort«. 1970 ist für die DSuper auch die Fünfgang-Box erhältlich. Bis 1972 bleiben die DSpécial und die DSuper unverändert im Programm. Mit dem Wegfall der DS21 zugunsten der DS23 im gleichen Jahr wird die Kluft wieder größer, deutlich größer. Daraufhin mixt Citroën einen interessanten Cocktail, den man »DSuper5« nennt. Die Ingredienzien sind der 2.175-cm³-Vergaser-Motor aus der DS21, das Fünfgang-Schaltgetriebe und eine deutlich bessere Ausstattung. Dabei ist sie immer noch erschwinglich und animiert viele potenzielle Kunden zum Kauf. Es lässt sich jedoch nicht leugnen, dass das Ende nah ist. Dieses kommt für die ID-Baureihe, wie auch bei der DS, 1975.

UND NUN? ID ODER DS?

Seinerzeit ist es eine unternehmerische Notwendigkeit, ein Modell unterhalb der DS einzuführen. Technisch gesehen nähert sich jene ID der großen Schwester jedoch allmählich immer weiter an, auch bei der Leistung. 1964 nimmt sich der renommierte Rennfahrer und Automobil-Journalist Alain Bertaut der ID19 in der »Comfort«-Ausstattung an und kommt zu Ergebnissen, die auch die »ärmeren« Citroënisten in ihrer Wahl bestätigen:

»Für den Automobil-Jahrgang 1957 präsentiert, hat die ID19 bislang nur wenige Änderungen erfahren. 1961 erhalten auch die Bremsen die hydraulische Unterstützung und aktuell (1964) ist eine Leistungssteigerung von 69 auf 75 SAE-PS. Damit hat sie den Leistungsstand der Ur-DS erreicht. Citroën hält es aber auch für notwendig, den Innenraum an den Zeitgeist und den Käufergeschmack anzupassen. So ist der Schalthebel am Armaturenbrett der gleiche wie in

Mit ihren Radkappen und dem Chromschmuck ist die DSuper wahrlich keine »DS für Arme«.

DIE ID

EINE GUTE IDEE

der DS19. Auch die bequemen Sitze in der »Comfort«-Ausstattung sind jene, die in der DS19 ihren Dienst versehen. Hinzu kommt ein dickerer Teppichboden, eine hintere Armlehne, elektrische Zeituhr, ein zweistufiger Scheibenwischer, also eine nahezu komplette Ausstattung, die in ihrer Klasse ihresgleichen sucht und schon ziemlich nah an der DS ist. Die Leistungssteigerung des Motors erfolgte nicht zu Lasten der Qualität; der Geräuschpegel bleibt dank der langen Übersetzung ziemlich niedrig. Und auch die Bremsen, noch mehr als bei der DS, überzeugen durch Stärke, Stabilität und Widerstandsfähigkeit; auch bei hohen Temperaturen werden die Erwartungen voll und ganz erfüllt. Die ID kann also fast an die DS herankommen – und sich vom Malus der ›DS für Arme‹ befreien.«

Mit ihren 103, oder je nach Modelljahrgang auch 108 SAE-PS, war die DSuper ordentlich motorisiert. Die DS23 blieb aber wegen des größeren Motors überlegen.

D Super

Auf der gleichen Basis wird die ID trotzdem immer ein bisschen unter der DS angesiedelt sein.

ID19 / ID20 / DSpécial / DSuper / DSuper5

Technische Daten:
Motor: Reihen-Vierzylinder 1.911 cm³ (1.985 cm³ 1967, 2.175 cm³ bei DSuper5) 62 bis 66 SAE-PS bei 4.000 (4.500) U/min (81 SAE-PS bei 4.750 U/min 1966, 84 SAE-PS bei 5.250 U/min 1967, 91 SAE-PS bei 5.500 U/min 1969, 98, bzw. 103 SAE-PS bei 5.500 U/min bei DSpécial, 108 SAE-PS bei 5.500 U/min bei DSpécial und DSuper, 115 SAE-PS bei 5.750 U/min bei DSuper5), Graugussblock mit Aluminium-Zylinderkopf, seitliche Nockenwelle, Wasserkühlung
Getriebe: Vorderradantrieb, wahlweise 4- oder 5-Gang-Getriebe, mechanisch oder hydraulisch betätigte trockene Einscheiben-Kupplung (Fünfgang-Getriebe optional bei DSpécial und Serie bei DSuper5)
Karosserie: Fünfsitzige Limousine mit vier Türen, selbsttragende Stahlkarosserie mit geschraubten Anbauteilen und partiell Aluminium- und Kunststoffteilen.
Fahrwerk: Von Citroën entwickelte Hydropneumatik
Bremsen: Vorne Scheiben-, hinten Trommelbremsen, hydraulisch unterstützt.
Abmessungen: (LxBxH) 4,84x1,79x1,47 Meter, Radstand 3,12 Meter, Spurweite vorne/hinten 1,50/1,30 Meter
Gewicht: 1.095 bis 1.310 Kilogramm
Reifen: Vorne/hinten 165x400/155x400 (180x380/155x380 ab 1966
Höchstgeschwindigkeit: 130 bis 175 km/h

Viele Händler hielten ihr Firmenwappen in Chrom.

Für ein Auto, das manche als »Arme-Leute-DS« verspotteten, war die ID sehr komfortabel und einladend.

Verwechslung ausgeschlossen: Die Typenschilder sind eindeutig deklariert.

Mit der Umbenennung in DSuper oder Special wird es allerdings etwas problematischer, sie von der DS zu unterscheiden. Bei ähnlicher Leistung wirkt das Typenschild etwas verwirrend.

Bei der DSuper/Special bleibt es beim Vierganggetriebe, bei der DSuper5 kommt die Fünfgang-Box zum Einsatz.

KAPITEL 5

DIE D-REIHE MACHT EINEN BREAK

DIE D-REIHE MUSS AUFGRUND DER GESCHILDERTEN PROBLEME SCHNELLSTENS PROFITABEL GEMACHT WERDEN. UND ZWAR, WENN IRGEND MÖGLICH, OHNE GROSSEN AUFWAND, SPRICH OHNE GRÖSSERE KOSTEN ZU VERURSACHEN. SO SUCHT MAN NACH NEUEN KUNDENKREISEN UND WIRD UMGEHEND FÜNDIG. EIN KOMBI MUSS HER! DER EINFALLSREICHTUM DER KAROSSERIE-ENTWICKLER LÄSST EINE NEUE FAMILIE VON FAHRZEUGEN ENTSTEHEN: DIE KOMBIS (FRANZÖSISCH »BREAKS«) DER D-REIHE.

Die Kombi-Version der D-Reihe ist eine Mischung aus ID und DS. Viele technische Komponenten beider Modelle finden Einzug im »Break«. Das Bild zeigt eine seltene DS23 Break aus dem Modelljahr 1973.

Pierre Franchiset verbringt bis zu seinem Renteneintritt 1973 51 Jahre in Diensten Citroëns. 1922 heuert der junge Mann am Quai de Javel an, durchläuft mehrere Abteilungen, bevor er seinen Militärdienst antritt. Als die vaterländische Pflicht erfüllt ist und er zu Citroën zurückkehrt, wird er direkt in die Abteilung Karosserieentwicklung verfrachtet. Er erwirbt sich erste Meriten während seiner Mitarbeit an den Modellen B14, C4, C6, Rosalie und Traction Avant. Und natürlich, längst zum Chef-Ingenieur befördert, auch bei den Modellen 2CV und DS, zusammen mit Lefèbvre und Bertoni. Nicht zu vergessen der Typ H; Franchiset gilt zu Recht als Vater der »Wellblechhütte«. Mit anderen Worten, er ist eine zentrale Figur im Reigen der genialen Citroën-Köpfe. Er ist also genau der Mann, der unter den genannten Vorgaben ein solches Projekt umsetzen kann. In der Tat fallen ihm auf dem 1957er-Salon die großen amerikanischen Straßenkreuzer direkt ins Auge, ebenso die gewaltigen Kombis, die ihresgleichen suchen. Überdimensioniert, geräumig, von hohem Nutzwert. In Europa gibt es nichts Vergleichbares. Bestenfalls noch bei Simca, die ihre Vedette als »Marly« getauften Kombi anbieten. Jener Simca Vedette Marly ist für Franchiset eine wahre Offenbarung. Bis zu diesem Zeitpunkt gibt es in Frankreich zwar Kombis, aber entweder sind sie kommerziell genutzte Fahrzeuge, also schlichte »Handwerkerkutschen«, oder einfache und schlichte Familienautos auf billigstem Niveau. Der Marly ist anders. Ganz anders. Er ist mit reichlich Lametta, sprich Chrom, behängt, hat Weißwandreifen, einen Kofferraumboden aus lackiertem Holz und eine wunderschöne, verchromte Dachgalerie. Aber auch den Innenraum schaut sich Franchiset genauestens an. Auffallend ist die umklappbare Rücksitzbank; mit wenigen Handgriffen lässt sich so der

Die Dachkonstruktion erlaubt eine bessere Beladung des Kombi, da ein Teil des Daches mit aufklappt. Die Karosserie ist bei Limousine und Kombi identisch bis zu den hinteren Türen. Die Dachgalerie bietet weitere Lademöglichkeiten.

DIE D-REIHE
MACHT EINEN BREAK

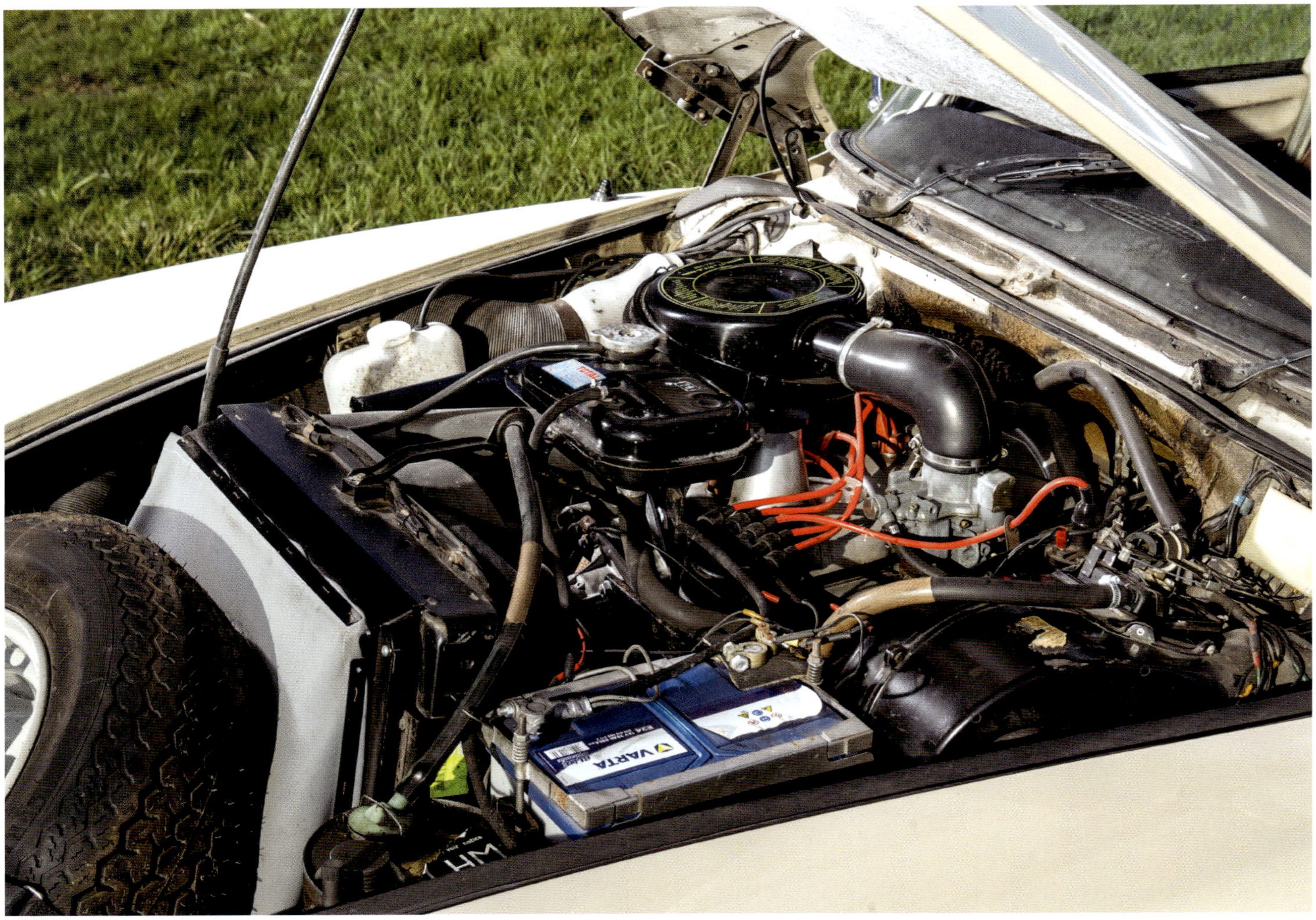

Auch unter der Haube finden sich die gleiche Leistung und die gleichen technischen Merkmale wie bei der Limousine.

Laderaum vergrößern. Und dann ist da noch die Heckklappe. Sie ist zweigeteilt, was einerseits das Heck eleganter wirken lässt, andererseits das Beladen des Fahrzeugs enorm vereinfacht. Es besteht kein Zweifel: So muss die Kombiversion der DS aussehen. Oder besser: noch besser. Doch es scheint, als säße man vor der Quadratur des Kreises. Schon zu Beginn der Planungen ist klar: Das Projekt darf keine Unsummen verschlingen. Franchiset muss möglichst viel von der Limousine übernehmen. Das tut er: Er belässt es bei einem Radstand von 3,12 Metern. Viel einfacher ist es, den hinteren Überhang zu verlängern und zu verstärken. Was das Design des Hinterteils angeht, so hat Bertoni schon erste Ideen für einen Kombi skizziert. Allerdings legen Franchiset und die Entwicklungsabteilung Hand an und kümmern sich um die Feinheiten. Die hinteren Türen kann man ebenfalls von der Limousine übernehmen. Lediglich die Seitenscheiben nebst Rahmen werden nahezu quadratisch gestaltet. So ergibt sich eine hervorragende Rundumsicht. Völlig neu gestaltet werden die hinteren Kotflügel. Aufgrund ihrer Länge und des höheren Gewichts sind diese im Falle einer Reifenpanne nun nicht mehr abnehmbar. Also hält man die Radkästen traditionell offen und verzichtet auf eine Verkleidung. Ziemlich originell sind die Rückleuchten, die beim Kombi aufgrund der geänderten Dachlinie auch die Blinker mit aufnehmen. Der US-amerikanische Einfluss jener Zeit ist zu erkennen. Eine besondere Konstruktion stellt die Heckklappe dar. Auch diese ist bei der DS zweigeteilt. Der obere Teil ist um die Karosserieecken herumgezogen, sodass eine Panoramascheibe entsteht. Auch ein Teil des Daches klappt beim Öffnen mit nach oben. Die untere Klappe reicht bis zur Ladefläche, was eine äußerst niedrige Ladekante zur Folge hat. In Verbindung mit dem hydropneumatischen

W-524-HH
71
DS 23

Fahrwerk wird sie noch niedriger. Dieses untere Teil hat eine weitere Besonderheit: Zwei Nummernschildträger. Sie sind so angebracht, dass das Kennzeichen jederzeit von der Polizei identifiziert werden kann, ob die Klappe offen oder geschlossen ist. Mit all diesen Features ist die Kombiversion der DS nicht nur äußerst funktional, sie besticht durch eine originelle Eleganz, die jener der Limousine durchaus ebenbürtig ist.

EINE ENTSCHEIDUNG ZWISCHEN ID UND DS

Auf dem Automobilsalon im Herbst 1958 wird die Kombiversion der D-Reihe präsentiert. Allerdings noch nicht ganz in ihrer endgültigen Form. Es hängt noch an Kleinigkeiten wie den Gummipuffern hinten oder den Kennzeichenbeleuchtungen. Aber insgesamt steht sie schon weitgehend seriennah im Rampenlicht. Und sie wird in drei Ausführungen zu haben sein: als einfacher Kombi »Break«, als »Familiale« oder in der »Commerciale«-Ausführung. Schon bei der Bestellannahme wird dem Kunden eine sechsmonatige Lieferfrist angekündigt. In Wahrheit werden es zwölf sein. Gebaut wird der Kombi in Levallois, wo fast komplette ID-Limousinen angeliefert werden. Nach den Umbaumaßnahmen geht's zurück an den Quai de Javel, wo Technik und Endbearbeitung auf die Kombis warten. Besagter Kombi kann 500 Kilogramm Nutzlast mit sich herumschleppen und bis zu acht Sitzplätze bereitstellen. Und zwar wie folgt aufgeteilt: eine vordere Sitzbank (in der Luxe-Ausführung) oder zwei Einzelsitze, die als Liegesitze konzipiert sind (Comfort). Die Rückbank ist in der Luxe-Ausstattung umklappbar; im Kofferraum befinden sich dazu noch zwei Klappsitze. Die »Familiale«-Ausführung hat ebenfalls 500 Kilogramm Nutzlast und auch insgesamt acht Sitze, die jedoch völlig anders konfiguriert sind. Vorne gib es lediglich eine Sitzbank, egal welche Ausstattung gewählt wird. Erst ab 1961 können Einzelsitze optional bestellt werden. Hinten finden sich drei Klappsitze und im Kofferraum eine zweisitzige Bank. Die »Luxe«-Ausstattung muss mit sechs Sitzplätzen auskommen, aufgeteilt in eine vordere Sitzbank und eine hintere, umklappbare Bank. Das größte Ladevolumen bleibt natürlich der Ausführung »Commerciale« vorbehalten. Nun haben wir erfahren, dass der Break auf der Karosserie der ID aufbaut, ihm aber dennoch einige technische Komponenten der DS innewohnen. Das trifft nicht auf den 1.911-cm^3-Motor zu. Der leistet, wie bei der ID19, 66 SAE-PS, allerdings erreicht er die Leistung schon bei niedrigerer Drehzahl. Und am Ende ist der Break rund zehn Stundenkilometer langsamer. Dafür belohnt der ID-Kombi den Käufer mit einem Verbrauch von unter zehn Litern auf hundert Kilometern bei einer Durchschnittsgeschwindigkeit von 90 km/h. Nicht schlecht!

Einziger Wermutstropfen: Die Käufer müssen Geduld mitbringen. Der

Der Kombi in der DS23-Variante ist der seltenste Vertreter seiner Art.

DIE D-REIHE

MACHT EINEN BREAK

Je nach Modell wurden verschiedene Konfigurationen angeboten werden. Die Bilder zeigen einen Siebensitzer mit den berühmten Klappsitzen.

Kombi wird zwar 1958 präsentiert, allerdings kann er erst im Spätherbst 1959 ausgeliefert werden. Der »Familiale« sogar erst im Frühjahr 1960. Dabei wird der Kombi vom Publikum äußerst positiv aufgenommen, erinnert doch alles an ihm an die ID-/DS-Limousine. Die Kunden sind sich einig: ein gelungener Wurf! Der Kombi wird zur besseren Identifikation schon bald ebenfalls als ID oder DS bezeichnet. Denn man verbessert den Break ständig; so bekommt der Kombinationskraftwagen 1963 den 83 SAE-PS starken Motor der DS19, gepaart mit dem vollsynchronisierten Viergang-Getriebe. Diese Annäherung an die DS wird noch vorangetrieben. 1966 spendiert man dem Kombi noch mehr Goodies aus der DS-Limousine, nicht nur die hydraulischen Bremsen. Nach und nach wird die Leistung gesteigert, und je nach »Organspender« wird auch die Modellbezeichnung übernommen. So steigert sich die Leistung des Kombis auf 90 SAE-PS aus dem 1.985-cm³-Motor; später werden es 109 SAE-PS, die er aus einem Hubraum von 2.175 cm³ schöpft – daher heißt der Wagen dann auch »Break ID21«. Im Februar 1968 kann der Kunde optional auch das hydraulisch betätigte Getriebe ordern. Zwei Jahre später nimmt man das Hydraulikgetriebe des Break allerdings wieder aus den Preislisten. Zu wenige Kunden setzten auf diese Option. Beim Kombi ersetzt 1969 die Version ID20 die bisherige ID19. Als die DS23 präsentiert wird, übernimmt auch der Break den neuen 2.347-cm³-Motor, muss allerdings auf das Fünfgang-Getriebe verzichten. Dies soll die letzte größere Entwicklung des Kombis sein. Bis zu seinem Produktionsende 1977 (wir erinnern uns, die Limousine wird schon 1975 ad acta gelegt) laufen rund 100.000 Kombi-Modelle von den Bändern.

Nun noch ein Auszug aus einer Werbung des 1973er-Kataloges: »Der Break ist einfach nur Raum. Jener Raum ist hinter den Rücksitzen von ebenen Flächen umsäumt, ideal für viel Gepäck. Wem das nicht reicht, für den gibt es ja noch die serienmäßig installierte Galerie. Für die Fahrgäste ist der Kombi ein echter Hingucker. Er ist wie ein Haus, ein helles Haus, ein lichtdurchfluteter Raum, in dem sieben Personen bequem leben können. Ihre Frau und die Kinder, Freunde der Kinder, Hund und Katz, Koffer, Kartons, Taschen, Tüten, alles findet seinen Platz. Beginnen Sie Ihre Fahrt morgens um sieben Uhr in Paris. Sie werden Aix-en-Provence in weniger als sechs Stunden erreichen. Denn der Kombi vergisst nicht, dass er auch eine DS ist. Bei mehr als hundert Stundenkilometern büßt er nichts von seinem Komfort ein. Er hat die gleiche tadellose Kraft wie die DS, er gleitet sanft über die Straßen, er verschlingt Kilometer um Kilometer. Er bietet die gleiche Gelassenheit, den gleichen Luxus und die gleiche Ruhe wie alle DS-Modelle. Mit einem DS Kombi ist das Leben einfach nur schön. Das macht Sie neugierig, oder nicht?«

Kombis werden in der Regel intensiver genutzt, sie müssen mehr laden und oftmals auch mehr Kilometer abspulen als die Limousinen. Grund genug, sich über dieses perfekte Exemplar zu freuen.

DIE D-REIHE

MACHT EINEN BREAK

KAPITEL 6

DIE GÖTTIN
OBEN OHNE

DER VON CITROËN UNABHÄNGIGE KAROSSERIEBAUER CHAPRON STELLT DAS ERSTE CABRIO AUF DS-BASIS AUF DIE RÄDER. DOCH HENRI CHAPRON IST NICHT DER ERSTE, DER SICH GEDANKEN UM EINE GÖTTIN OBEN OHNE MACHT. BEREITS 1954 ENTWICKELT FLAMINIO BERTONI ERSTE IDEEN; DATIERTE SKIZZEN BELEGEN DIES. DOCH CITROËN HAT GANZ ANDERE PROBLEME MIT DER DS. EIN CABRIOLET IST 1955 KEINE OPTION. NOCH NICHT. ALS ES RUHIGER WIRD UM DIE ANFÄNGLICH ZICKIGE GÖTTIN, NIMMT SICH CITROËN SELBST DER SACHE AN. 1960 IST ES DANN SO WEIT.

Chapron wird seine eigenen Cabrios bauen. Aber auch die Werkscabrios, wie diese DS21 von 1966, werden aus den Hallen Chaprons rollen.

W-524-HH

DIE GÖTTIN

OBEN OHNE

Ende 1956 nimmt Chapron Kontakt zu Citroën auf. Man will zusammen mit dem renommierten Großserienhersteller die Machbarkeit einer Cabriolet-Version der DS prüfen. Chapron ist in jenen Tagen ständiger Gast am Quai de Javel. Carlo Delaisse, Designer in Diensten Chaprons, entwirft die Frischluft-Variante der DS; 1958 stellt Chapron das zweitürige Cabriolet, das man auf den Namen »La Croisette« tauft, der Öffentlichkeit vor. Chapron beginnt, die offene Göttin in einer Kleinserie herzustellen. Doch Chapron ist nicht alleine. Auch andere Karosseriespezialisten wollen die Göttin »aufreißen«, darunter namhafte Konkurrenten. Citroën selbst nimmt 1959 Bertonis Idee eines in Eigenregie produzierten Cabrios wieder auf. Citroën will aber keine Kopie des Chapron-Entwurfs; man hat ganz eigene Ansprüche und will ein echtes Premium-Modell. Am Ende bleibt nur Begeisterung: Der Stil dessen, was wir heute »Werkscabriolet« nennen, ist die reinste und perfekteste Form eines Cabriolets auf Basis der DS. Die Chefetage ist höchst zufrieden; man rechnet eine mögliche Serienproduktion in den eigenen Produktionsstätten durch. Man ist überzeugt, dass man ein solches Modell nicht getrennt von der übrigen ID-/DS-Familie anbieten darf. Doch unter dem Strich steht die Erkenntnis, dass die Produktion einer solchen Kleinserie für einen Großserienhersteller nicht profitabel sein kann. Man kann keine eigene Montagelinie für eine Handvoll Modelle blockieren. So entsteht die paradoxe Situation, dass Chapron neben seinen eigenen Cabrios bald auch die Werks-Ausführung produziert, was für den Karosserie-Experten durchaus profitabel ist.

Doch es kommt zu Abstimmungsproblemen zwischen Chapron und dem Giganten Citroën. Auftraggeber Citroën macht sich die Sache

In den exklusiven Cabrios findet man die Bedienelemente der Limousine.

Es ist schon selten genug, dass ein Cabrio vier vollwertige Sitze vorweisen kann, so wie die DS. Dazu kommen edle Lederausstattung und das Jaeger-Armaturenbrett.

einfach und liefert Chapron fertige Fahrzeuge, die eigentlich in den Ausstellungsräumen US-amerikanischer Händler landen sollten. Den schwarzen Peter hat nun Chapron, muss er die Limousinen doch erst einmal von allen überflüssigen Teilen befreien – und somit einen Müllberg neuer DS-Teile anhäufen, der sich hätte vermeiden lassen. Dem gesunden Menschenverstand des Journalisten Roger Brioult vom Magazin »Automobil Technik-Revue« und Citroëns Kommunikationsdirektor Jacques Wolgensinger ist es zu verdanken, dass 1964 diese Praxis geändert wird. Ab diesem Zeitpunkt liefert Citroën nur noch Fahrgestelle, die nur bis zur Windschutzscheibe komplett sind.

DAS WERKSCABRIOLET

Das heute mit drei Michelin-Sternen ausgezeichnete Gourmet-Restaurant »Pré Catelan« inmitten des Bois de Boulogne bildet am 31. August 1960 die Kulisse für die Präsentation der offenen Göttin, umrahmt von charmanten und hübschen Models von edler Eleganz – wie das Auto selbst.

Obgleich die Frontpartie und die technischen Komponenten fast unverändert übernommen werden können, muss der hintere Teil komplett neu gestaltet werden. Zunächst werden die Türen um 18 Zentimeter verlängert. Auch ein neuer Kofferraumdeckel muss gestaltet werden, logischerweise. Und der besteht komplett aus Polyester. Auch die Rückleuchten werden verändert; nun leuchten am Heck vier runde Exemplare, genau wie bei der US-Ausführung. Das auffälligste Rückleuchten-Merkmal: die Blinker. Da – natürlich – die Röhren an der Dachlinie fehlen, die bei der Limousine die hinteren Blinker aufnehmen, setzt man diese beim Cabrio auf die hinteren Kotflügel, direkt an die Verdeck-Kante. Auch jene hinteren Kotflügel muss man – selbstverständlich – verlängern; dabei werden auch die Stoßstangen weiter herumgezogen. Die Kunden nehmen das Cabrio gut auf. Dennoch müssen potenzielle Käufer bis zum Frühjahr 1961 Geduld aufbringen. Übrigens, das erste produzierte Cabrio im Jahr 1960 basiert auf einer ID, die man – alternativ zur DS – bis 1965 bestellen kann. Technisch gesehen unterscheiden sich die Cabrios, egal ob auf Basis der ID oder DS, nicht von den Limousinen. Man muss dabei erwähnen, dass es sich beim ID-Cabriolet eigentlich um eine DS mit mechanischem Schaltgetriebe handelt, so nah beieinander liegen ID und DS in der offenen Variante. Wozu soll also ein Kunde eine ID wählen, wenn er auch eine DS bekommen kann? Somit darf es nicht verwundern, dass ab 1965 nur noch die DS umgebaut wird; die ID fällt aus dem Programm. Stilistisch und auch technisch wird das DS-Cabriolet die gleiche Entwicklung durchlaufen wie die Limousine, zum Beispiel mit der geschlossenen Schürze ab 1962 oder dem Facelift 1967. Auch die Motoren durchlaufen die gleiche Evolution. Allerdings nur bis zum Jahr 1971; denn ab da ist Schluss mit dem Werkscabrio. Citroën stellt die Produktion und den Verkauf ein. Chapron indes bietet die Cabrios bis 1977 weiterhin an; was bleibt ihm anderes übrig? Der Wegfall der Citroën-Aufträge bringt ihn in Schwierigkeiten, wie Dominique Pagneux in seinem Buch über Henri Chapron schreibt (ETAI, 2002).

Das Werkscabrio übernimmt die Bauteile der Limousine. Allerdings bleibt kein Kundenwunsch unerfüllt.

Trotz der Verdeck-Höhe, die für den Komfort der hinteren Passagiere notwendig ist, wirkt die Seitenlinie des Cabrios elegant.

Beim Motor gibt es keine Unterschiede zwischen Cabrio und Limousine.

KAPITEL 7

DIE SPEZIALISTEN

ES WAR SCHON IMMER SO: FAST JEDES AUTOMOBIL HAT KREATIVE SPEZIALISTEN AUF DEN PLAN GERUFEN. SO INSPIRIERT AUCH DIE DS VIELE KAROSSERIEBAUER. DIESE WOLLEN BEILEIBE NICHT IMMER NUR DAS BESONDERE LUXUS- ODER PRESTIGE-AUTOMOBIL ERSCHAFFEN. ALLE BEREICHE WERDEN MIT EIGENEN, SPEZIELLEN GÖTTINNEN ABGEDECKT. SEHEN SIE HIER EINE AUSWAHL DER WICHTIGSTEN DS-DERIVATE.

Das Coupé »Concorde« von Chapron ist ein recht seltenes Exemplar, nur 38 Einheiten wurden gefertigt.

238 CJV 92

Es ist schier unmöglich, alle Umbauten und Spezialkarossen auf Basis der ID oder DS zu kennen. Die meisten von ihnen sind Einzelstücke, improvisiert und von privater Hand umgebaut. Und selbst produzierte Klein- und Kleinstserien sind nicht immer zweifelsfrei dokumentiert; es gibt kaum Dokumente, die jene Arbeiten belegen. Zum Beispiel gibt es eine Vielzahl viertüriger (!) Cabriolets, die nicht von Citroën oder Chapron stammen. AEAT und Heuliez, Beutler und Langenthal aus der Schweiz, Reutter (das später einmal RECARO heißen wird) und Autenrieth aus Deutschland machen sich neben etlichen anderen über die Göttin her. Auch an spezielle Sportwagen trauen sich die Experten heran, aber denen haben wir ein Extra-Kapitel reserviert. Was hier allerdings noch Erwähnung finden soll, sind die »Nutzfahrzeuge«, also Kranken- und Leichenwagen sowie Wohnmobile (von den wir zwei kennen) und Abschleppwagen. Und die Wagen von Tissier.

ALLES GIPFELT IM SM

Citroën bemüht sich lange Zeit, auch ein zweitüriges Coupé auf Basis der DS zu entwickeln, welches als »DS Sport« bekannt werden wird. Alle Entwicklungen werden unter dem »Projekt S« zusammengefasst, das letzten Endes zum Citroën SM führt, der 1970 debütiert. Das ikonische Design zeichnet Robert Opron; der V6 und die Technik stammen von Maserati. Das Team um den Ingenieur Jacques Né widmet sich im Konstruktionsbüro von Citroën der Aufgabe, auf dieser Grundlage ein möglichst schnelles Auto auf die Räder zu stellen.

Doch bevor es zum SM kommt, der ursprünglich so gar nicht gewollt war, zieht sich die Idee einer Sport-DS wie ein roter Faden durch die Entwicklung einer Coupé-Version. Das Projekt beschäftigt Techniker und Designer bei Citroën schon seit 1961. Wie bei Citroën üblich, entstehen so im Lauf der Jahre gleich mehrere Prototypen, die keinen Hehl daraus machen, dass sie auf der DS basieren. Auf verkürzten Fahrgestellen lässt man seiner Kreativität freien, man könnte sogar sagen, ungehemmten Lauf. 1964 entsteht so ein Exemplar, das durch besondere Ästhetik besticht – allerdings war das nicht das Ziel der Entwickler, obwohl das verkürzte Heck sehr harmonisch zum Rest des Cabrios passt. Cabrio? Ja, bei dem Versuchsträger handelt es sich um ein Cabrio. Man will zwar ein Coupé entwickeln, doch das Hauptaugenmerk liegt zunächst auf der Leistung. Man kitzelt mit zwei Weber-Doppelvergasern 93 SAE-PS aus dem Motor. Das reicht, um die »DS Sport« genannte Studie auf ordentliche 175 Stundenkilometer zu bringen. Im Jahr darauf wird jene »DS Sport« weiterentwickelt. Es gibt einige Retuschen, am auffälligsten sind die vier Scheinwerfer. Aber auch hier hat sich unter der Haube am meisten getan. Nun erfolgt die Ventilsteuerung über zwei obenliegende Nockenwellen; der Motor stellt 130 SAE-PS bereit, die für 190 Stundenkilometer gut sind.

Die Linienführung der hinteren Kotflügel erinnert etwas an zeitgenössische Modelle von Facel Vega.

Man weiß die Ausstattung schnell zu schätzen. Hier ist es ein Modell mit hydropneumatischer Halbautomatik.

Es steht zu befürchten, dass es sich bei diesem zweiten Prototyp im Grunde um den ersten handelt – man hat ihn wohl schlicht umgebaut, modifiziert und neu lackiert. Mit an Sicherheit grenzender Wahrscheinlichkeit wird das Fahrzeug schließlich verschrottet, denn es taucht nirgends je wieder auf; auch im Citroën-Museum sucht man vergeblich.

1966 stellt Citroën aber doch noch eine Coupé-Studie auf die Räder. Die Optik ist die des verkürzten Cabrio-Prototyps, aber natürlich hat das Coupé ein festes Dach. Doch auch hier liegt das Augenmerk zunächst auf der Technik. Man implantiert dem Versuchsträger den DS21-Motor, völlig unverändert. Und erreicht damit eine Höchstgeschwindigkeit, die die damals magische Grenze von 200 Stundenkilometern überrollt. Ganz exakt messen die Ingenieure 202 km/h auf dem Testgelände in Ferté-Vidame. Jenes Testfahrzeug trägt übrigens auch die von »Professor Bienlein« Paul Magès erdachte DIRAVI-Lenkung, die im späteren SM zur Serienausstattung gehören wird. Nachdem die Testabteilung mit ihren Versuchen durch ist, zeigt sie sich spendabel und schenkt das Fahrzeug der Rennsportabteilung. So macht das eigentlich ausrangierte Einzelstück noch Karriere im Rallyesport.

Viel interessanter hingegen ist der Prototyp des Jahres 1967. Denn hier vereinen die Ingenieure erstmals die Technik der DS mit Stilelementen des Panhard 24. Schließlich hat Citroën seit 1965 ein neues Spielzeug: In jenem Jahr wird der angeschlagene Konkurrent Panhard übernommen. Doch damit ist Citroëns Einkaufsliste noch nicht abgehakt. Denn schon länger schielt man nach Italien. Als das Objekt der Begierde in Schieflage gerät, übernimmt Citroën mehr als 60 Prozent am Wunsch-Partner Maserati. Am Quai de Javel experimentiert man zwar schon seit Beginn der 1960er-Jahre an V6- und V8-Motoren, aber man traut sich noch nicht so recht, diese in Serie zu verbauen. Nachdem man nun 1968 völlig ungeniert in den italienischen Regalen zugreifen kann, setzt Bercot auf einen radikalen Schnitt: Aus dem geplanten DS Coupé wird

Technisch gesehen sind Chaprons Entwürfe unveränderte DS-Modelle. Doch die eigenständige Karosserie verleiht dem Wagen Exklusivität und noch mehr Prestige, abgesehen von der Rarität dieser Autos.

der künftige SM. Ein weiterer Prototyp der »DS Sport« bekommt daher ein Maserati-Triebwerk, das mit vier obenliegenden Nockenwellen daherkommt und satte 192 PS leistet. Berühmt und bekannt wird das orangefarbene Coupé 1972 auf dem Rund von Serre-Chevalier. Am Volant: der spätere Rallye-Weltmeister Björn Waldegaard.

DIE PLASTIK-COUPÉS

Citroën ist nicht der einzige Produzent, der sich an einem Coupé auf Basis der DS versucht. Im Lauf der Zeit bieten etliche Karosserie-Spezialisten einem solventen Kundenkreis ihre eigenen Interpretationen eines DS-Coupés an. Und das nicht nur in der französischen Heimat der Göttin, nein, auch andernorts macht man sich an das Thema heran.

Surrey, England: Bei den Protagonisten unserer Betrachtungen handelt es sich um den 2023 102-jährig verstorbenen Rennfahrer Kenneth McAlpine, den Ingenieur Rodney Clarke und Mike Oliver. Die drei Herren, die Gründer von Connaught Engineering, sind sehr ambitioniert, ihre Intention: beim großen Formel-1-Zirkus mitzumischen. Und es gelingt. Über den Umweg Formel 2, der recht erfolgreich verläuft, kann man ab 1952 in der Formel 1 den einen oder anderen Erfolg verbuchen. Doch für den großen Wurf reicht es nicht; 1959 geht der Rennstall den Weg alles Irdischen – und wird von einem gewissen Bernie Ecclestone übernommen. Die Reste der Leichenfledderei kauft ein Herr namens Paul Emery, doch auch dessen Stern ist schon im Sinken begriffen. Dass Connaught trotzdem überlebt, ist einem weniger spektakulären Umstand zu verdanken. Man verdingt sich auch als einfacher Autohaus- und Werkstattbetreiber. Die Vertragsmarke heißt Citroën. Ebenfalls seit Beginn der 1950er handelt Connaught mit den Modellen der französischen Avantgarde. Und als rennsporterfahrene Spezialisten blasen sie auch für den zivilen Gebrauch den einen oder anderen Traction Avant ordentlich auf. Was also liegt näher, als sich auch um die DS und später um die ID zu kümmern? Zu Anfang hat man noch gar nicht die Absicht, ein Coupé zu entwerfen. Die passionierten Motorsportler richten den Fokus zunächst auf die Leistung. Der Umbau erfolgt auf Basis einer ID19, und das hat nur einen Grund: Die ID bringt ein mechanisches Schaltgetriebe mit. Das ist vom Handling her weit sportlicher veranlagt. Beim Motor setzt man auf einen veränderten Zylinderkopf, der über größere Ventile verfügt. Außerdem modifiziert man die Kolben; die glattflächigen Exemplare weichen gebogenen. Zwei Solex34-Vergaser sorgen für die richtige Beatmung; bei einem Verdichtungsverhältnis von 8,4:1 werden so 90 PS mobilisiert. Bei der restlichen Technik nimmt man sich auch so einiges vor. Während man der Lenkung eine Hydraulikpumpe spendiert, rüstet man auch die Bremsanlage mit einem Midland-Bremsassistenten aus. Das Armaturenbrett übernimmt man komplett von der Schwester DS und veredelt das Ganze mit einem »Stirling-Moss-Holzspeichen-Lenkrad«.

Als die Kunden dann endlich auch für die DS ein Schaltgetriebe ordern können, macht sich Connaught umgehend ans Werk und übernimmt die Modifikationen auch für eine präparierte DS. Zusätzlich wird diese GT mit Halbschalensitzen bestückt und bekommt versenkbare Sicherheitsgurte. Ein größerer Kühler-Lüfter rundet die Sache schließlich ab. Natürlich bleiben der britischen Fachpresse derlei Aktivitäten nicht verborgen; man macht sich an einen Vergleichstest. Während eine handelsübliche ID19 auf 140 und eine ebensolche DS19 auf 152 Stundenkilometer kommt, erreicht der Connaught-Umbau

Chapron war ein ewiger Zweifler und musste seine Arbeiten ständig verbessern. Zum Beispiel mit einem Hauch von Chrom.

Die Karosserieschmiede in Levallois überlebte auch nach Bugatti, Talbot und Delahaye – dank der DS und des speziellen französischen Know-hows.

Chapron wählte immer ganz besondere Namen für seine Kreationen aus.

162 Stundenkilometer. Und das, obwohl die rasante Dame rund 30 Pfund mehr Gewicht auf den göttlich geschwungenen Hüften mitschleppen muss. Von dieser flotten Dame entstehen rund 100 Einheiten, die auch über die britische Citroën-Niederlassung vertrieben werden.

In den 1950ern gründet ein gewisser Hector Bossaert in Méteren, in der Nähe des nordfranzösischen Lille, eine Werkstatt. Nichts Ungewöhnliches, sollte man meinen. Doch Bossaert wird (Citroën-) Geschichte schreiben. Die Geschäfte laufen gut; Bossaert engagiert sich nebenbei auch ab und an im Rallyesport. Doch Ende der 50er-Jahre erkennt er das Potenzial der DS und fragt sich, warum man nicht ein GT-Coupé auf jener Basis entwickeln sollte? Bossaert kontaktiert keinen Geringeren als Star-Designer Pietro Frua, der von der Idee überzeugt ist und den Entwurf für das Coupé zeichnet. Dieser Entwurf ist sehr gefällig in seiner Form. Während der Vorderwagen und der Instrumententräger im Cockpit unangetastet bleiben, zersägt man die DS in Höhe der B-Säule. Man amputiert respektable 47 Zentimeter der Bodengruppe, senkt das Dach um insgesamt sieben Zentimeter und formt ein bildschönes Heck, dem man kleine Heckflossen à la Ferrari 250GT verpasst, ganz dem Modegeschmack und dem Zeitgeist folgend. Auch die Liste der technischen Modifikationen ist üppig: Schärfere Nockenwelle, leichtere und feinst gewuchtete Kurbelwelle, überarbeiteter Zylinderkopf, Verdichtungsverhältnis von 9,5:1, zwei Zenith38-Doppelvergaser, neuer Krümmer und eine Sportauspuffanlage sind die Maßnahmen, die für 97 PS sorgen. Die Serien-DS19 bringt derer nur 83 auf den Prüfstand. In die Praxis umgesetzt wird dieses bildschöne Coupé bei der Firma »GéTé«. Die hat ihren Sitz in Méteren, in der Nähe des nordfranzösischen Lille. Zufall? Die lautmalerische Gleichheit von »GT« und »GéTé«, sowie der Firmensitz lassen den Verdacht aufkommen, dass diese Firma extra für den Bau dieses Coupés gegründet wurde. Von Hector Bossaert? Man weiß es nicht.

All das hat jedoch seinen Preis; das Coupé GT19 kostet rund das Doppelte einer vergleichbaren Serien-DS. Dafür kann man auch einen Facel-Vega oder Jaguar bekommen. Doch das schreckt den eingefleischten »Citroënisten« nicht, im Gegenteil. Als im September 1965 die DS21 debütiert, folgt bei GéTé umgehend die GT21. Auch zwei Cabrios sollen entstanden sein, deren Verbleib sich jedoch im Nebel der Geschichte verliert. Von den 18 gebauten Coupés GT19 und GT21 sollen zwei überlebt haben. Aktuelle Bildquellen identifizieren jedoch drei verschiedene Exemplare. Der große José Rosinski äußerte sich in »Auto Sport«:

»Ich bin nach wie vor davon überzeugt, dass die GT19 mit der Aluminium-Karosserie bei einem Rennen wie Lüttich – Sofia – Lüttich nicht zu schlagen wäre, würden die Regeln sie nicht von einer Teilnahme ausschließen. Andererseits ist dieser wundervolle GT perfekt für die Straße,

Und natürlich hinterlässt Chapron bei seinen Schöpfungen auch seine eigene Signatur.

Der Blick unter die Haube zeigt nicht den geringsten Unterschied zu einer Serien-DS19 des Jahres 1964, die hier als Basis diente.

bequem und schnell. Bedauerlich ist der sehr hohe Preis. Und sie hat auch ihre Schwächen, besonders beim Abgassystem. Trotzdem muss man solche Projekte unterstützen, auch um andere zu ermutigen.«

Zugegeben, auf den ersten Blick ist die DS nicht gerade die erste Wahl für Karosserie-Spezialisten. Wie will man Bertonis geniale Schöpfung auch ernsthaft noch schöner machen? Umso erstaunlicher, dass sich das Unternehmen Pichon-Parat eben jener DS annimmt. Denn anfänglich ist die Firma nicht besonders erfolgreich; es entstehen verschiedene Einzelstücke für betuchte Individualisten – zum Beispiel ein Cabrio auf Basis der Renault Frégate, aber auch Fahrzeuge auf Basis anderer Hersteller, wie Peugeot, Citroën oder Panhard. Angefangen hat alles 1950. Nachdem sich André Parat und Bernard Pichon kennengelernt haben, beschließen sie, ein Unternehmen zu gründen. Eine gute Kombination: Der eine ist technisch begabt, der andere wohlhabend. In der Rue Mocquesouris 39, im kleinen Städtchen Sens, gründen sie das Unternehmen Pichon-Parat. Sie spezialisieren sich auf besondere Umbauten, vorwiegend Limousinen aus den 40ern, die sie zu Kombis oder Lieferwagen umbauen. Damit erzielen sie erste bescheidene Erfolge.

Als es nach dem Krieg mit dem Motorsport wieder aufwärts geht, verpasst Pichon-Parat zunächst den Anschluss an diese Sparte. Doch 1957 erhält das kleine Unternehmen den Ritterschlag. Die kleine Karosserieschmiede baut einen Sportwagen auf Basis des BMW 507;

EY-764-BV

der Entwurf stammt von keinem Geringeren als Raymond Fernand Loewy. Loewy hat unter anderem die Logos des Lebensmittelhändlers »SPAR«, der Zigarettenmarke »Lucky Strike« sowie die legendäre »Shell«-Muschel entworfen. Die Zusammenarbeit der Karosseriebauer und des in Frankreich geborenen US-Designers setzt sich auch bei Entwürfen in Sachen DS fort. Da man sich ohnehin auf Kombis und Lieferwagen spezialisiert hat, entwirft Loewy einen ganz speziellen DS Break; es bleibt allerdings bei dem Entwurf. Das auffälligste Merkmal dieses Kombis findet sich am Heck. Die eigentlich zweiteilige Heckklappe stellt sich Loewy als eine Einheit vor, die außerdem noch eine Art »Stummelheck« vorzuweisen hat. Weit interessanter sind die Cabrios und Coupés, die Loewy mit Pichon-Parat auf die Räder stellt. Vor allem die Coupés wecken sogar das Interesse von Citroën. Zunächst entstehen aber ein Cabrio und ein weitgehend identisches Coupé, das ein sehr wichtiges und markantes Teil der 1967 überarbeiteten ID-/DS-Reihe vorwegnimmt: die Hinterglas-Scheinwerfer. Bei der Pichon-Parat-DS fallen diese deutlich kleiner aus, dafür ist die Stoßstange des Derivats sehr viel wuchtiger, beinhaltet sie doch so etwas wie einen Kühlergrill und zusätzliche Leuchten. Die Optik der Kotflügel-Scheinwerfer-Einheit erinnert ein bisschen an den Ami 6 oder an Panhard. Weit interessanter dürften die verkürzten Coupés sein, die vor allem bei Rallyes zum Einsatz kommen. Citroën ist zwar ganz erfolgreich mit der DS im Rallyesport, es lässt sich aber nicht leugnen, dass man noch erfolgreicher sein könnte. Denn die DS ist nicht gerade ein Zwerg und ebenso wenig ein Fliegengewicht. Gewichtsersparnis wäre nicht das Schlechteste. Citroën bittet Pichon-Parat, ein kurzes, leichtes Sport-Coupé zu bauen. Was das Unternehmen auch tut. Zwischenzeitlich verlässt Pichon die Firma, was Parat aber nicht davon abhält, alleine weiterzumachen. Auf Basis einer 59er-ID baut er eine verkürzte Version für Rallye-Zwecke. Es entstehen weitere Exemplare, aber am Quai de Javel weiß man nicht so recht, ob man will oder nicht. So oder so, einige Exemplare werden später auch mit dem Maserati-V6 bestückt. Ein Vorläufer des späteren Rallye-SM? Wie viele Exemplare Parat letzten Endes herstellt, ist ungewiss. Allzu viele dürften es nicht gewesen sein…

TAUSENDFÜSSLER AUS POLYESTER

Anfang der 1960er spezialisiert sich in Villeneuve-le-Roi ein gewisser Pierre Tissier auf den Handel mit Panhard-Automobilen. Bald schon macht er sich vor allem auf dem spanischen Markt einen Namen. Was zur Folge hat, dass er des Öfteren weite Strecken mit einem Abschleppwagen oder Lkw zurücklegen muss. Was einerseits sehr unbequem ist, andererseits sehr langsam vonstattengeht. Eine Lösung muss also her. Eine Lösung für beide Probleme. Jene Lösung liegt zwar nicht zwingend auf

Fernab ihres ursprünglichen und prestigeträchtigen Lebens, hat die D-Reihe in anderen Bereichen bewiesen, dass sie sehr nützlich sein kann. Zum Beispiel als Krankenwagen.

Dieser Krankenwagen von Currus ist praktisch unverändert aufgebaut und zeigt keine signifikanten Änderungen zum Serien-Kombi.

der Hand, dennoch richtet sich Tissiers Blick auf Everybody's Darling, die DS. Sie ist bequem und deutlich flotter unterwegs als ein Lastwagen. Also macht Tissier kurzen Prozess und entledigt die Göttin ihrer hinteren Hälfte, genauer gesagt des Teils hinter der Rückbank. An den Torso pflanzt er eine ebene Ladefläche, setzt drei Achsen darunter, die er mit 10-Zoll-Reifen bestückt, und voilà: Fertig ist der perfekte Autotransporter. Das Geniale daran: Die Citroën-Hydropneumatik kann vollständig genutzt werden, Lenkung, Bremsen, vor allem aber das Fahrwerk profitieren davon – besonders beim Beladen. Das erspart den Einsatz überdimensionaler Auffahrrampen. Nach nur drei Monaten hat er das Meisterstück fertiggestellt. Natürlich bleibt ein solches Unikum nicht unbemerkt. Tissier legt weite Strecken zurück, kommt viel herum, fällt auf. Sehr schnell erhält er verbindliche Bestellungen. Viele Bestellungen. Also gründet er eine eigene Gesellschaft, die ADTP, meldet seinen speziellen Umbau sogar zum Patent an. Doch damit nicht genug; Tissier hat noch weitere Ideen. Er entwickelt eine geschlossene Variante, einen verlängerten Hochdach-Kombi. Dabei schließt er nichtsahnend eine offensichtliche Marktlücke. Kaum ist der Hochdach-Kombi mit der doppelten Hinterachse fertig, bestellt der Logistik-Experte »Hollander SA France« mehrere dieser Fahrzeuge, vor allem für den Transport von Tageszeitungen in die nordeuropäischen Metropolen. Der große Erfolg sorgt dafür, dass auch der DS-Nachfolger CX in den Genuss von Tissiers Spezialbehandlung kommt. Insgesamt entstehen 53 Tissier-Spezial-DS in mannigfachen Variationen. Als Autotransporter, als Hochdach-Kombi mit sechs oder acht Reifen, zwei oder vier Türen – keine Option scheint unmöglich.

Zwischen 1975 und 1985 bietet der Karosseriebauer Robert Picosson Tuningteile für die optische Aufwertung der DS an, beziehungsweise baut die Fahrzeuge auch selbst um. Aus der erhabenen Göttin macht Picosson ein unartiges Mädchen. Zumindest äußerlich. Die meis-

Die Krankenwagen auf DS-Basis wurden vom fahrenden Sanitäts-Volk sehr geschätzt, vor allem wegen der Leistung und des sagenhaften Komforts.

Currus behielt zwar auch die Citroën-Bezeichnungen bei, gab den Fahrzeugen aber dennoch zusätzlich seine eigenen Namen.

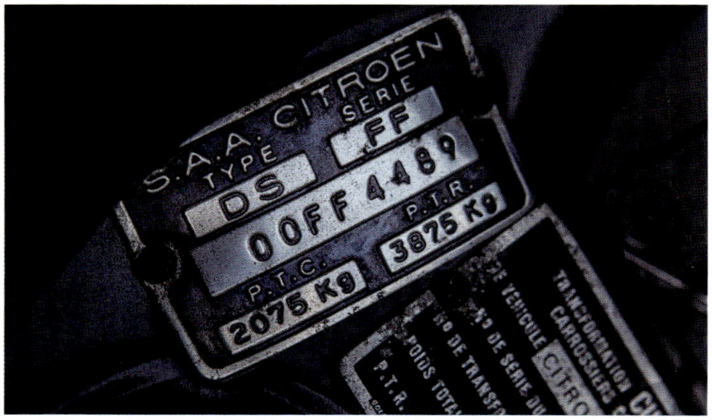

Das Typenschild weist das Fahrzeug explizit als Krankenwagen aus.

ten vollständig aus Polyester gefertigten Teile werden einfach auf das Serien-Blech aufgesetzt. So entstehen verbreiterte Radläufe an den vorderen Kotflügeln, eine Hutze auf der Haube, Sicken in den Türen und ein äußerst sportlich anmutendes Heck à la »Enten-Bürzel«. Besonders das Heck hat, auch dank der Rückleuchten des Peugeot 505, nichts mehr mit dem Heck der DS gemein. Einfach spektakulär!

DAS PARALLEL-UNIVERSUM

Der am 30. Dezember 1886 in Nouan-le-Fuzelier geborene Henri Chapron lernt zunächst das Handwerk des Sattlers. Direkt nach dem Großen Krieg (Erster Weltkrieg), im März 1919, gründet Chapron sein Karosseriebau-Unternehmen, das aber erst im Herbst 1920 den Betrieb aufnimmt. Doch schon bald wird es in den Räumlichkeiten im Pariser Vorort Neuilly-sur-Seine zu eng; Chapron zieht 1923 ins benachbarte Levallois-Perret. Seine Firma findet ihren Platz in Hallen, die kein Geringerer als Gustave Eiffel konstruiert hat. Ein gutes Omen. Denn der anfängliche Erfolg setzt sich auch in Levallois fort. Chapron baut zum Beispiel Karosserien für den Ford T, aber auch heimische Hersteller werden aufmerksam. So kommt es zur Zusammenarbeit mit Delage, Delahaye und Talbot. Nach dem Zweiten Weltkrieg kommt die französische Wirtschaft nicht wirklich in Fahrt. Luxus- und Oberklassemodelle sind wenig gefragt, Sonderkarossen noch weniger. Chapron rettet sein Unternehmen durch die Flaute, indem er Reparatur-Aufträge annimmt und das ein oder andere Unikat herstellt. Als die Stunde der DS schlägt, ist auch die Stunde des Henri Chapron gekommen. Obwohl es auf den ersten Blick nicht auf der Hand liegt, welches Potenzial in der DS steckt (wie will man Bertonis Entwurf auch noch besser machen?), erkennt Chapron die Chancen, die die DS bietet. Umgehend fällt er über die Göttin her und entwirft zweitürige Limousinen, ein Coupé und ein Cabriolet. Chapron zeigt seine Ideen auf dem Pariser Salon des Jahres 1958 – und hat damit Erfolg. Trotz eines kleinen Schönheitsfehlers des »La Croisette« genannten Cabrios: Da es zweitürig daherkommt, verschweißt Chapron kurzerhand die Türen vorne und hinten, sodass eine um 18 Zentimeter verlängerte Tür entsteht. Der ursprüngliche Spalt zwischen hinterer Tür und hinterem Kotflügel bleibt allerdings deutlich sichtbar. Später verdeckt eine Chromleiste diese »OP-Narbe«. Doch ganz so einfach ist die Herstellung eines solchen Cabrios nicht; viele Fallstricke lauern auf Chapron. So muss zum Beispiel die Karosserie verstärkt werden, damit sie sich nicht zu stark verwindet. Vor allem im hinteren Bereich müssen Verstärkungen eingeschweißt werden, direkt hinter der Rückbank. Aber auch optisch soll sich der Entwurf Chaprons von der Serie abheben: Allerlei Chrom-Zierrat verschönert die modifizierte Göttin. Zwar gibt es »nur« zwei Basis-Fahrzeuge, die ID und die DS, aber trotzdem gibt es keine zwei identischen Cabrios von Chapron. Der Kundenwunsch steht über allem. Ob es Weißwandreifen sind, spezielle Polsterungen, Karosserie-Details, nichts ist unmöglich. Und immer wieder fließen Verbesserungen ein, wie zum Beispiel der Entwurf der hinteren Kotflügel. Sie werden bei Chapron, genau wie beim Werkscabriolet, später auch einteilig. Sogar Kunststoff verarbeitet der Blech-Künstler, wenn es sein muss. Dafür bekommt die elitäre Gesellschaft der Grande Nation für schlappe 800.000 Francs, natürlich zusätzlich zu den von Citroën aufgerufenen 930.000 Francs für die Limousine, ein absolut bildschönes und extravagantes Unikat.

1958 wird »La Croisette« also präsentiert, im Februar 1959 beginnt die Auslieferung. In jener Zeit entwickelt sich nicht nur das Fahrzeug weiter, auch die Herstellung selbst vereinfacht sich mit dem Auftrag Citroëns, das Werkscabrio zu produzieren. Das erlaubt ständige Verbesserungen, wie eine Neugestaltung des Hecks, insbesondere der Verdeck-Aufnahme, was ein eleganteres Profil zur Folge hat. Dennoch, 1962 kommt das Ende des ersten eigenen Chapron-Cabrios; exakt 52 Exemplare entstehen. Für das Jahr 1963 hat Chapron einen neuen Entwurf, ein Cabriolet, das er »Palm Beach« nennt. Dieses neue Cabrio bringt Chapron enorme Vorteile: Dank der parallelen Auto-Welten innerhalb seiner Blechschmiede profitiert Chapron von einigen Details des Werkscabrios, was die Produktion insgesamt vereinfacht und durch genutzte Synergieeffekte die Kosten senkt. Das »Palm Beach«-Cabrio hat nun hintere Seitenfenster, die, je nach Kundenwunsch, elektrisch oder manuell zu betätigen sind. Außerdem wirkt der Innenraum bei geschlossenem Verdeck deutlich heller dank des schmaleren Verdecks. 1964 erhält das Cabrio, genau wie das Coupé »Concorde«, stilisierte Heckflossen. Eigentlich sind es eher »Flösschen«, sehr dezent, zum ganzen Auftritt des Autos passend. Insgesamt wirkt es gefälliger als der Vorgänger.

Zwischen 1960 und 1968 bietet Chapron nicht nur seine vier-, beziehungsweise fünfsitzigen Cabrios an, auch ein 2+2-Sitzer ist im Angebot. Bei gleichen Außenmaßen wie bei der Serien-DS, rückt jedoch die hintere Sitzbank weiter nach vorne. Somit bekommt man ein kürzeres Verdeck, was dem Kofferraum zugutekommt. Alle technischen und optischen Veränderungen, die man der Serien-DS angedeihen lässt, übernimmt auch das »Le Caddy« genannte 2+2-Sitzer-Cabrio von Chapron.

Wie wir bereits erfahren haben, wird es werksseitig nie eine Coupé-Version der DS geben. Zwar gibt es Bemühungen seitens Citroën, doch sie enden alle irgendwo im Nirgendwo. Fünfzehn Jahre nach dem Debüt der Göttin kommt es dann aber 1970 doch noch zu einem Coupé der besonderen Art: »Sa Majesté«, der berühmte »Maserati-Citroën«, erscheint auf der Bildfläche – der legendäre SM. Es ist zwar nicht so ganz korrekt, aber bei den meisten Anhängern läuft der SM auch als DS-Coupé. Kann man so stehen lassen.

Die einzig »echten« DS-Coupés baut allerdings nicht Citroën selbst. Sie entstehen in Chaprons heiligen Hallen. Das 1958 auf dem Salon gezeigte Coupé »Le Paris« ist das Pendant zum Cabriolet »La Croisette«. Die hinteren Seitenteile sind mit Seitenfenstern bestückt, die sich allerdings nicht öffnen lassen. Das Coupé zeigt die gleiche anfängliche Besonderheit. Nach dem Verschweißen der Türen (um eine verlängerte Tür zu erhalten), bleibt ein Spalt zwischen dem Kotflügel und dem Überrest der hinteren Tür, der erst später mit einer Chromleiste verdeckt wird. Die Karriere des 4/5-sitzigen Coupés währt jedoch nicht sehr lange. 1960 endet die Produktion nach nur neun hergestellten Exemplaren. Lange müssen die Freunde des DS-Coupés aber nicht trauern. Schon im

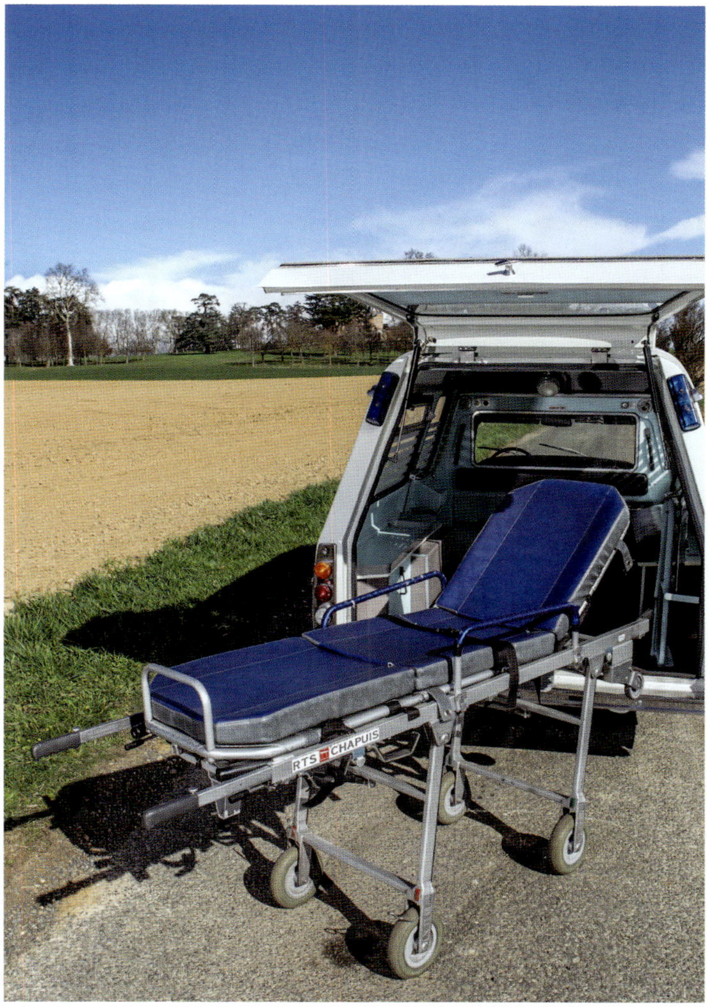

Zu einem Krankenwagen gehört natürlich eine Krankentrage.

Die zusätzlich angebrachten Blaulichter sind sowohl vorne als auch hinten positioniert.

Neben dem Blaulicht findet sich auf dem Dach auch ein blaues Kreuz, das nicht nur auf lackiert ist, sondern auch reliefartig ins Blech eingestanzt wurde.

Abgesehen davon, dass sich die vorderen Sitze nicht verstellen lassen, ist der vordere Fahrgastraum mit dem Standard-Kombi der D-Reihe identisch.

gleichen Jahr erscheint das Nachfolgemodell. Das nach dem berühmten Platz der Hauptstadt »Concorde« genannte Coupé ist ebenfalls als Viersitzer konzipiert; auch sonst ist es seinem Vorgänger sehr ähnlich. Lediglich die Dachpartie zeigt deutliche Veränderungen; sie erscheint eleganter und nicht mehr so rundlich wie beim »Le Paris«. In den ersten Jahren entspricht die Heckpartie exakt jener der Serien-DS, bevor die bereits erwähnten kleinen Flossen das Heckteil verschönern. Die Karriere der »Concorde« hält länger als die des »Le Paris«, nämlich bis 1967. Bis dahin dengelt Henri Chapron 38 Einheiten des Fahrzeugs. Schon 1966 stellt der Blech-Virtuose das Nachfolgemodell vor, das er »Le Léman« tauft. Und auch dieses Coupé ist ein lupenreiner Viersitzer. Im Gegensatz zu den vorherigen Coupés besticht der »Le Léman« durch eine dynamischere Seitenlinie. Erzielt wird dieser Effekt durch die stark geneigte C-Säule. Ebenfalls von Anfang an hat das Modell die kleinen Heckflossen, die auch schon der Vorgänger bekommen hat. Von den 25 hergestellten »Lémans« sticht eines besonders heraus: Es wird auf Kundenwunsch individualisiert; das Heck wird nach dem Vorbild der Chapron-Limousine »Lorraine« gestaltet und bekommt die Heckleuchten des Peugeot 204.

Chapron kann nicht nur Viersitzer-Coupés bauen, genau wie bei seinen Cabrios entsteht zwischen 1960 und 1968 auch ein 2+2-Sitzer-Coupé, das »Le Dandy«. Besonders auffällig ist die hintere Seitenlinie. Entgegen der sonstigen Praxis verzichtet der 2+2-Sitzer auf hintere Seitenscheiben; dafür ist die C-Säule sehr ausgeprägt. Technisch ist das

Die anfänglich zickige Technik der DS hat ein Einsehen; die Krankenwagen laufen zuverlässig.

DIE STAATSTRAGENDEN

WELCH EIN PRESTIGETRÄCHTIGES SYMBOL FÜR FRANKREICH SIE DOCH IST, DIE DS. INNOVATION, DESIGN, SICHERHEIT, SOLIDITÄT – ALL DAS SIND WERTE, DIE SIE IM INNEREN UND AUCH NACH AUSSEN HIN REPRÄSENTIERT. SCHON IM VERLAUF IHRER RUND ZWANZIGJÄHRIGEN KARRIERE WIRD SIE ZUR LEGENDE, SCHREIBT IHRE GANZ EIGENE GESCHICHTE. UND FÜR MANCHEN AN DER SPITZE DES STAATES WIRD SIE SOGAR ZUM LEIBWÄCHTER.

Die »politische Karriere« der D-Reihe im Dienste des Staates mehrt ihr Prestige nicht unerheblich.

KAPITEL 8

Dass Charles de Gaulle als Präsident eine ganz besondere Bindung zur Marke mit dem Doppel-Winkel zeigte, ist allgemein bekannt. Ob er schon vorher ein »Citroënist« war, ist allerdings nicht überliefert. Im Élysée-Palast jedenfalls ist Citroën eine feste Größe. De Gaulles Vorgänger, René Coty, der 17. Präsident der Vierten Republik, schwört auf Citroën-Technik. Seine Dienstwagen schneidert Henri Chapron auf Basis des Citroën 15/6. Coty nutzt regelmäßig eine verlängerte Version. Als Paul Magés Hydropneumatik serienreif ist, findet sie 1954 ihren Weg in einen 15/6, noch bevor sie in der DS zum Einsatz kommt. Dieses Spezialfahrzeug auf Basis des Traction Avant wird bei Marius Franay hergestellt. Es ist eine seiner letzten Arbeiten; 1955 schließt Franay die Werkstore. Dieser für repräsentative Zwecke angeschaffte Ponton-Wagen bekommt schnell Gesellschaft; dieses Mal zaubert Chapron einen zweiten, aber besseren Wagen, der als Cabriolet ausgeführt wird. Bis zum Ende der 50er-Jahre ist die Erneuerung des Fuhrparks weitgehend abgeschlossen. Doch auch Simca drängt in den Élysée-Palast und offeriert der Regierung seine edlen V8-Modelle. Es entstehen zwei viertürige Chambord-Cabriolets; ebenso werden Limousinen gebaut, die man »Présidence« tauft. Es sind schwarz gehaltene Fahrzeuge, die das Reserverad aufrecht stehend am Heck über der Stoßstange tragen. Als Charles de Gaulle 1958 in den Élysée-Palast zieht, sind diese Simca allerdings nicht mehr in Betrieb. Nach dem Krieg wird Citroën mehr und mehr zum Haus- und Hoflieferanten der Regierung. Kein Wunder, denn in jenen Tagen ist ein Citroën nicht nur komfortabel und besticht durch ein hervorragendes Handling, die Fondpassagiere genießen überdies eine grandiose Beinfreiheit – was für den fast zwei Meter großen Präsidenten ein starkes Argument für Citroën ist. Auch deshalb setzt der oberste Franzose in erster Linie auf die DS. In der Hauptsache nutzt der Elysée-Palast zwei Fahrzeuge für offizielle Anlässe. Das noch unter Coty angeschaffte 15/6-Cabrio von Chapron

Die DS20 avanciert zur offiziellen Administrations-Limousine.

8095 PH 69

Die Fahrer der Staats-Limousinen müssen keine Abstriche in Sachen Komfort hinnehmen. Hier sind allerdings Schonbezüge auf das Serien-Gestühl aufgezogen.

mit dem amtlichen Kennzeichen »2 PR 75« und die häufig von de Gaulle genutzte DS19 mit Faltverdeck, der man die Zulassungsnummer »3 PR 75« zuteilt. Besonders die DS ist bei de Gaulle beliebt, erlaubt sie es dem Präsidenten doch, sich stehend dem Volk zu zeigen, was der Regierungschef gerne tut, aber bei Bedarf auch schnell wieder ein Dach über dem Kopf zu haben. Jene DS wird vermutlich Anfang des Jahres 1960 in Betrieb genommen. Grund zu dieser Annahme geben verschiedene Details, zum Beispiel die Form der Scheinwerfer. Vor diesem Modell ist eine weitere DS auf den Regierungssitz zugelassen, sie trägt das Kennzeichen »7142 HF 75« und hat das gleiche Faltschiebedach wie die »3 PR 75«. Die letztgenannte, wir nennen sie der Einfachheit halber »7142«, scheint einem älteren Jahrgang anzugehören, was man an der Form der hinteren Kotflügel und der Rückleuchten festmachen kann. General de Gaulle wird eine ganze Reihe weiterer Göttinnen nutzen. Und eine wird ganz besonders in Erinnerung bleiben …

De Gaulles Politik in der Algerien-Frage findet im Frankreich der beginnenden 60er-Jahre nicht nur Freunde. Im Gegenteil, eine Menge von Nationalisten ist vehement gegen eine Eigenständigkeit der französischen Kolonie. Manche gehen sogar so weit, dass sie für ihre Idee töten würden – auch den Staatspräsidenten. Mehrere Attentate werden verübt, alle scheitern. Zweimal wird der Präsident durch zwei Hauptakteure gerettet: durch die Besonnenheit seines Chauffeurs Francis Marroux – und durch die Citroëns DS!

Am 8. September 1961 rast Francis Marroux mit seiner DS an der Spitze von fünf Fahrzeugen durch die Nacht, das Ziel ist Nogent-sur-Seine. Auf dem Rücksitz befinden sich Charles und Yvonne de Gaulle. Was ist passiert? Am Abend verlassen die fünf Göttinnen den Élysée-Palast, Ziel ist der rund 250 Kilometer entfernte Landwohnsitz des Präsidenten-Paares. Als der Konvoi die Ortschaft Pont-sur-Seine durchquert hat, passieren die Fahrzeuge einen Sandhaufen am Straßenrand der Route nationale 19. In dem Moment, als der mit dem Präsidenten besetzte Wagen den Sandhaufen passiert, explodiert eine ferngezündete Bombe. Marroux reagiert blitzschnell, tritt das Gaspedal durch und jagt mit Vollgas durch die entstandene Flammenwand. Niemand wird bei diesem Attentat verletzt; auch die Fahrzeuge bleiben weitgehend unbeschädigt. Einige Kilometer weiter, an einem sicheren Ort, wechseln die Insassen vorsichtshalber die Fahrzeuge.

Mindestens genauso spannend und spektakulär, doch noch weit gefährlicher, wird es am 22. August 1962. An jenem Abend verlassen zwei DS19 der Regierung, eskortiert von zwei Polizei-Motorrädern, den Elysée-Palast. Das Ziel: der Militär-Flughafen von Vélizy-Villacoublay, rund 15 Kilometer von Paris entfernt. Dort wartet ein Hubschrauber, um die Familie

8095 PH 69

in ihr Landhaus zu bringen. An Bord der zweiten DS: General Charles de Gaulle, seine Gattin Yvonne, der Schwiegersohn Oberst Alain de Boissieu und der Fahrer Francis Marroux. Um 20:08 Uhr passiert der Konvoi den Kreisverkehr auf der Route nationale 306 in Petit-Clamart – und gerät in einen Hinterhalt. Ein halbes Dutzend Männer um den Anführer Jean Bastien-Thiry warten auf dessen Befehl. Der ergeht durch Winken mit einer Zeitung. Als dieses Signal erfolgt, stürmen die Männer hinter einer geparkten Renault Estafette hervor und feuern insgesamt 187 Schüsse ab. 14 Geschosse treffen die Präsidenten-DS, die auf die Nummer »5249 HU 75« zugelassen ist. Die restlichen 173 Kugeln verlieren sich im Nirgendwo oder treffen Geschäfte und den Panhard PL17 eines vollkommen unbeteiligten Ehepaares, das nur zufällig die Szenerie durchquert. Gott sei Dank bleiben die Leute unversehrt. Die 14 Kugeln, die die DS des Präsidenten treffen, zerschlagen die Heckscheibe, die in Tausende Splitter zerfällt; einige treffen die Karosserie und lassen zwei Reifen platzen. Doch der besonnene, um nicht zu sagen, coole Francis Marroux und die Göttliche zeigen sich unbeeindruckt. Marroux tritt das Gaspedal durch und die Göttin fährt auf zwei verbliebenen Reifen unbeirrt weiter – kein Problem dank der Hydropneumatik. So erreicht der Konvoi doch noch mit unverletzten Insassen das Ziel. De Gaulle schaut sich seine DS an und bemerkt nur lapidar: »Cette fois, c'était tangent« (Dieses Mal war es knapp). Die Nachrichten des folgenden Tages haben natürlich nur ein Thema, eben jenes Attentat. Sogar die Medien in den USA berichten davon. Ein Renault Colorale-Abschleppwagen bringt den Präsidenten-Dienstwagen zum Quai des Orfèvres 36, der Direktion der Pariser Kriminalpolizei. Die kriminaltechnische Untersuchung bestätigt de Gaulles Einschätzung: Die Beamten sichern eine Kugel, die den Schädel des Präsidenten nur ganz knapp verfehlte. Eine weitere Kugel traf den Tank. Nun kann man wohl sehr gut nachvollziehen, warum Charles de Gaulle nicht mehr auf Citroën-Automobile verzichten will. Ohne die DS hätte das Attentat vielleicht Erfolg gehabt.

Das Ereignis ist derart spektakulär und bewegt Menschen und Medien so sehr, dass Frederick Forsythe das Attentat in seinem Roman »Der Schakal« adaptiert. Dieser Roman wird 1973 von Fred Zinnemann verfilmt und avanciert zum Kultstreifen.

Nachdem die Untersuchungen abgeschlossen sind und die DS wieder repariert ist, wird sie verkauft an einen gewissen General Robert Pol Dupuy, einen Vertrauten de Gaulles. Nach dem Tod Dupuys übergibt die Familie die ehemalige Regierungs-DS der »Charles-de-Gaulle-Stiftung«. Einziger Wermutstropfen: Das Auto braucht eine Restaurierung; immerhin ist es schon etwas betagter und hat schon so einiges erlebt. Diese Aufgabe übernimmt schließlich Citroën.

Abgesehen von den Einsätzen für de Gaulle, den ersten Präsidenten der Fünften Republik, prägt in den 60er-Jahren kein anderes Automobil das fahrende Regierungsvolk so sehr wie »La Déesse«. Renault hat den R16. Doch

Es ist heute schwierig, eine genaue Zahl der schwarzen Limousinen zu benennen, die im Staatsdienst landeten.

8095 PH 69

der ist kleiner als die DS und zu bieder, ein braves Familien-Wägelchen eben. Der Simca 1500 wirkt zu italienisch; ihm fehlt der gewisse französische Charme. Der Peugeot 404 ist schon bei seiner Präsentation im Grunde ein fahrendes Fossil. Nein, es gibt keine echte Alternative. Jeder will eine ID oder DS, ob Staatssekretäre, hohe Beamte, Präfekten, Minister. Und in der Tat liefert Citroën eine bestimmte Anzahl Behörden-DS an Ämter, Präfekturen und Ministerien, alle in »noir«, also schwarz lackiert (Citroën-Farbcode AC200). Im Grunde ist es so, dass schwarze Limousinen ohne »Pallas«-Ausstattung für die Regierung oder Behörden bestimmt sind. Aber feine Unterschiede zwischen der herrschenden Kaste und »normalen« Staatsdienern gibt es doch. Die Abgeordneten des Landes fahren auf grauen Polstern im Inneren einer DS, die »niedrigeren« Ränge müssen sich mit einer ID begnügen, immerhin mit der »Comfort«-Ausstattung, respektive mit den späteren Modellen DSuper oder DSuper5.

Am 26. November 1968 wird Chaprons Regierungssänfte auf DS-Basis, die »Présidentielle«, auf den Élysée-Palast zugelassen, amtliches Kennzeichen »1 PR 75«. Lange wird de Gaulle das Schiff nicht mehr nutzen; 1969 geht er in den wohlverdienten Ruhestand. Davon abgesehen nutzt der 1,96-Meter-Hüne diesen Dienstwagen nicht gerne; ihn stört die feste Trennscheibe. Sein Nachfolger Georges Pompidou hat auch keine rechte Freude an der Riesen-Göttin; er mag es gerne flotter. Privat besitzt Pompidou einen Porsche 356, doch ausgerechnet mit einer Karosse des Lieblingsfeindes ist in Frankreich kein Staat zu machen. So greift auch Pompidou auf die DS zurück, in seltenen Fällen auch mal auf die »Présidentielle«. Aber nur, bis das umgehend bestellte SM-Cabriolet, ebenfalls von Chapron als Repräsentationswagen angefertigt, geliefert ist. 1975 wird die füllige Dame verkauft und gelangt in gute Hände. Pompidous Leibarzt erwirbt sie und stellt sie zu seiner Sammlung zweier weiterer Citroën-Modelle. Es sind Traction Avant 15CV mit Spezialkarossen von Chapron und Franay. Mittlerweile steht die »Présidentielle« als Dauerleihgabe im Citroën-Museum.

Am 17. Januar 1975 sitzt Simone Veil, Gesundheitsministerin im Kabinett des Ministerpräsidenten Jacques Chirac, nervös auf dem Rücksitz ihrer Dienst-DS. In wenigen Minuten wird sie ein Gesetz von großer Tragweite durchs Parlament bringen. Die Legalisierung von Schwangerschaftsabbrüchen wird als »Veil-Gesetz« in die Geschichte der französischen Politik eingehen.

Bernard Cazeneuve, unter anderem Innenminister und kurzzeitig Premierminister unter Präsident François Hollande, erklärt gegenüber den Kollegen des »Nouvel Observateur«, er selbst besitze zwar eine 68er DS, halte sie aber längst nicht mehr für modern oder zeitgemäß. Nicht mehr modern? Die DS? Nun, da gibt es nichts zu beschönigen: Dann ist dem Mann nicht mehr zu helfen …

Der klassische 2-Liter-Motor mit seinen rund 100 PS ist ohne Probleme geeignet, bei offiziellen Anlässen zwei Großstädte in kurzer Zeit zu verbinden.

KAPITEL 9

DIE KAMPFBIESTER

ALLE, DIE NUR EINS IN IHR SEHEN, NÄMLICH EINE MAJESTÄTISCHE, UNAUFDRINGLICHE LIMOUSINE, WERDEN SCHNELL EINES BESSEREN BELEHRT. AUCH DIE ZWEIFLER BEMERKEN BALD, DASS DIE DS – SPÄTER AUCH DIE ID – ZU WAHREN BESTIEN IM WETTBEWERB MUTIEREN. GANZ EGAL, WIE KRITISCH MAN DER ANFANGS ANFÄLLIGEN HYDROPNEUMATIK GEGENÜBERSTEHT: DIE DS WIRD IHRE FÄHIGKEITEN UNTER BEWEIS STELLEN. ES WIRD NICHT EINFACH, ABER SIE LEGT DEN GRUNDSTEIN FÜR CITROËNS UNAUFHALTSAMEN ERFOLG IM RALLYE-SPORT, DER BIS HEUTE, JAHRZEHNTE SPÄTER, ANHÄLT UND DER MARKE MIT DEM DOPPEL-WINKEL WELTMEISTER-TITEL IN SERIE BESCHERT – ZULETZT ETWA MIT DEM SAGENHAFTEN SÉBASTIEN LOEB HINTERM STEUER.

Der Nachbau dieser DS zeigt ganz deutlich die Vorteile, die die Rennsportabteilung aus der Serien-DS herauszuholen imstande war.

DJ·665·DN
60
DS 1955

DIE
KAMPFBIESTER

Seit dem Bau seines ersten Automobils 1919 hat sich André Citroën nicht sonderlich für das weite Feld des Motorsports interessiert. Als Michelin das Zepter am Quai de Javel übernimmt, ändert sich diese Geschäftspolitik nicht. Und auch in den 50er-Jahren ändert sich nichts daran, obschon die Konkurrenten Erfolg um Erfolg feiern. Auch die 1955 vorgestellte DS ist nicht gerade das, was man eine geborene Sportlerin nennen würde. Wieder kommt beim Hersteller keine rechte Motivation auf, sich dem Renn-Zirkus anzuschließen. Und überhaupt, hat diese göttliche Erscheinung das wirklich nötig? Wohl kaum.

Und doch, die DS wird ihre Reise und letztendlich ihren Siegeszug durch die Welt des Motorsports antreten. Allerdings nicht auf Geheiß der Chefetage; vielmehr werden es Amateure sein, die der jungen Göttin auf die Sprünge helfen. Aber so richtig!

Und das schon recht früh. Schon kurz nach ihrem Debüt wird eine DS von einem Amateurteam im Winter 1955/1956 gemeldet. Und weitere folgen. Im internationalen Vergleich ist sie ein Amateurauto – und unter den Amateurautos nicht mehr als ein Standard-Fahrzeug. Jeder der Piloten hat sein ganz eigenes Erfolgsrezept, breitere Hinterreifen, erweiterte Instrumententafel und allerhand technische Modifikationen, die zum Erfolg beitragen sollen. Doch was zunächst ausbleibt, ist der Erfolg. Das liegt nicht zuletzt am hydropneumatischen Getriebe. Es ist zwar perfekt für einen Reise- und Familienwagen, im harten Rallye-Einsatz jedoch eher suboptimal. Als 1956 die ID vorgestellt wird und im Jahr darauf dann endlich zu haben ist, stehen die Piloten vor der nächsten recht schwierigen Frage. DS oder ID? Leistung oder Handling? Setzt man besser auf die stärkere DS, die jedoch mit dem Hydropneumatik-

Am offensichtlichsten ist der große Radausschnitt der hinteren Kotflügel. Um Gewicht einzusparen, verzichtete man auf die Stoßstangen; die großen Schmutzfänger hatten vor allem bei Schnee und Schlamm ihren Sinn.

CITROËN
60
DS 1955

Dieses Fahrzeug wurde speziell für Wettbewerbe modifiziert und verfügt über moderne Sicherheits-Features wie Schalensitze.

Getriebe ausgestattet ist, oder doch lieber auf die ID, die zwar etwas untermotorisiert ist, dafür die perfekte Schaltung mitbringt? Das Problem ist erst gelöst, als die DS auch mit einem mechanischen Schaltgetriebe zu bekommen ist. Und prompt stellt sich der erste großartige und bedeutende Sieg ein. Paul Coltelloni wird Rallye-Europameister – auf Citroën.

Doch der Doppelwinkel hat noch immer keinen übersteigerten Mitteilungsbedarf, was derartige Aktionen betrifft. Simca feiert auch einen Sieg, allerdings nur in einer Klasse – und kommuniziert das Ganze nach außen, als hätten sie die Weltherrschaft errungen. Nur im kleinsten, aber auch allerkleinsten Kleingedruckten rückt man die Sache zurecht. Das löst Wut aus bei Jacques Wolgensinger. Der junge Direktor für Kommunikation stellt die Tatsachen richtig. Fortan hängt auch Citroën seine Erfolge an die große Glocke. Und fühlt sich plötzlich berufen, doch im großen Rallye-Zirkus mitzumischen. Das Team um René Cotton richtet eine Motorsportabteilung ein. Zunächst inoffiziell, aber doch mit Unterstützung Citroëns. Mit der Zeit allerdings wird diese Abteilung immer offizieller. Doch wer zum Teufel ist René Cotton?

René Cotton beginnt seine sportlichen Aktivitäten in den 30er-Jahren, zunächst als Skifahrer, dann als Skilehrer. Einer seiner Schüler ist Jean-Pierre Wimille. Über jenen Wimille kommt Cotton zum Motorsport. In den 50ern startet er sowohl bei Rundstreckenrennen als auch bei Rallyes. Seinen größten Erfolg feierte Cotton 1955 bei der Rallye Lüttich–Rom–Lüttich. Er belegt mit seiner Co-Pilotin Agnès Lemerle den zweiten Rang auf einem Mercedes 300 SL. Im gleichen Zeitraum gründet Cotton sein eigenes Team, »Écurie Paris-Île de France«. Er versammelt eine ganze Riege talentierter und erfolgreicher Piloten um sich: Charmasson, Marang, Rozée, Coltelloni, Courtés, Lucas – alles begabte und motivierte Leute, zum Teil mit einiger Erfahrung. Als 1955 die DS debütiert, schließt sich der Kreis. Kaum einer erkennt das Potenzial der bürgerlichen Sänfte. Cotton schon. Er soll Recht behalten, schon bei der Rallye Monte-Carlo 1956 belegt eine DS mit Courtés am Volant und seinem Co-Piloten Coint-Payen den siebten Rang in der Klasse bis zwei Liter Hubraum. Nicht schlecht für Citroëns bestes Pferdchen im Stall, das ja eigentlich noch ein Fohlen ist. Cotton sieht sich bestätigt, setzt seine

Dieses Modell profitiert von einer ordentlichen Leistungssteigerung – von den serienmäßigen 106 auf 125 PS.

Arbeit weiter fort. Und er erkennt als einer der Ersten, dass es nicht nur aufs Vollgasgeben ankommt, sondern dass so ein Rennen auch eine taktische Komponente hat. Also taktiert er, beginnt die Rennen zu analysieren, setzt sogar keinen Geringeren als René Trautmann ein, um für die Beifahrer Notizen zu erstellen. Cotton setzt alles auf die DS – und nach deren Debüt auch auf die ID. Der Lohn der Mühen ist der Gewinn der Rallye Monte-Carlo 1959 mit Paul Coltelloni am Steuer der ID19. Das Krönchen des Ganzen ist der Europameister-Titel am Ende der Saison für besagten Coltelloni.

Nun gibt es für Citroën wahrlich keinen Grund mehr zu zweifeln. Man beschließt, das Team zu unterstützen. In erster Linie liefert man die Wettbewerbsfahrzeuge, unterstützt den Rennstall aber auch logistisch und mit finanziellen Mitteln. Cottons Rennstall wird damit sozusagen zur Motorsportabteilung von Citroën. Wenn auch (noch) inoffiziell. Dennoch, genau auf diese Unterstützung hat Cotton so lange gewartet. Und er wird Citroën nicht enttäuschen. Er liefert die Siege, die man am Quai de Javel sehen will. Frankreich, Belgien, Klassensiege bei den EM-Läufen, die blauen ID und DS sind einfach überall. Unterstützung erfährt Cotton auch von seiner Frau Marlène; ihre besten Jahre sind 1963 und 1964. Citroën geht 1965 den letzten, konsequenten Schritt und macht Cottons Team auch offiziell zur »Citroën Rennsportabteilung«. In der Rue du Château-des-Rentiers bezieht man ein Büro, ein weiteres in Courbevoie, wo rund 30 Personen arbeiten, die Hälfte davon Mechaniker. Das ändert jedoch nichts am Status von René Cotton, im Gegenteil. Er war, ist und bleibt der geniale Kopf hinter den Kulissen. Mit dem Erfolg kommen auch die ganz großen Namen. Trautmann ist schon da, ihm folgen keine Geringeren als Lucien Bianchi und Guy Verrier. Aber auch Robert (Bob) Neyret, Claude Laurent, Jean-Claude Ogier und noch ein paar andere werden künftig die Göttinnen pilotieren. Und auch die Damen greifen ins Einspeichen-Lenkrad, zum Beispiel Lucette Pointet und Claudine Bouchet. Andererseits sind solche Ausnahme-Piloten auch dringend erforderlich, denn die Konkurrenz schläft nicht. Im Gegenteil, sie hat schon mächtig aufgeholt. Lancia, Porsche, Alpine, Alfa Romeo, ja sogar BMC mit dem Mini Cooper hauen ordentlich auf den Putz – und bringen die DS in Schwierigkeiten. Vorteile hat die DS nach wie vor in schwierigem Gelände oder auf Langstrecken, wo es auf Ausdauer ankommt.

Aber dann folgt der absolute Tiefpunkt. 25. Juli 1971: René Cotton erliegt einem Krebsleiden. Seine Frau Marlène übernimmt den Rennstall und die gesamte Abteilung – und ist somit die erste Frau in der Geschichte des Motorsports, die ein Werksteam leitet. Im Grunde ist es selbstverständlich, dass sie die Zügel in die Hand nimmt, denn niemand kennt das Pferdchen so gut wie sie. Im August 1973

Dieses DS-Sportcoupé wurde von der SM2A-Crew aufgebaut, die sich auf die Leistungsoptimierung von DS und SM spezialisiert hat.

www.wlosson.com
432
14
TOTAL
CIBIE
MICHELIN
www.losson.com
MARCHAL
254 MP 71

beschreibt sie ihre Rolle in einem Interview mit Pierre Pagani von der Zeitschrift »Échappement« wie folgt:

»Autorennen sind meine Leidenschaft, wie sie die Leidenschaft von René waren. Die DS war 1963 ein konkurrenzfähiges Auto bei den klassischen Rallyes, was heute sehr viel schwieriger ist. Sie hat nach wie vor einen Vorsprung in schwierigem Gelände, wie in Marokko, Portugal oder bei der Akropolis-Rallye. [...] Dann haben wir auch noch Piloten wie Bob Neyret. Bob und sein Partner Terramorsi sind schon sehr lange bei uns. Sie fahren jetzt schon fast 15 Jahre hier. Dann sind da auch noch Bochnicek und Romaozinho, die als Amateure angefangen haben und schöne Erfolge erzielten. Wir wollen nicht vergessen, dass Romaozinho Portugal-Meister wurde. Was Waldegaard, Aaltonen und Laurent betrifft, nun, sie kamen zu mir und boten mir ihre Hilfe an, was ich natürlich sehr dankend annahm.«

Dank dieser zusätzlichen Verstärkungen wird es Marlène gelingen, die DS zu weiteren Erfolgen und damit auch größerer Bekanntheit zu führen.

EINE ERFOLGSGESCHICHTE ...

Um wettbewerbsfähig zu bleiben, muss sich die DS anpassen – und zwar schnell und unkompliziert, will sie das schreckliche, vierrädrige Frankenstein-Monster werden, das man jetzt braucht. Anfang der 60er sind DS und ID bei den härtesten Straßenrennen einfach nicht wegzudenken. Dazu muss man erklären, dass es in diesen Tagen bei Rallyes weniger um Spurtstärke, sondern mehr um Ausdauer und Robustheit geht. Für ein Rennen wie Lüttich–Sofia–Lüttich ist ein komfortables und zuverlässiges Auto vonnöten, nicht unbedingt ein leistungsstarkes. Ein vorbildliches Handling ist das Maß aller Dinge. Hier kann die Göttin natürlich punkten. Doch sie ist nicht alleine; sie hat starke Konkurrenz. Citroëns Hauptkonkurrent ist der Mercedes 220, ein ebenfalls hervorragendes Auto, das mit exzellenten deutschen Fahrern wie Böhringer eine ernsthafte Gefahr darstellt und ernsthaft um die Europameisterschaft mitfährt. Dennoch, nicht nur auf Cottons Höhepunkt, den Jahren 1963 und 1964, ist die DS der Standard schlechthin. Spätestens bis zur Saison 1968 allerdings hat sich das Bild gewandelt: Die Fahrzeuge der Konkurrenz werden immer leistungsstärker, agiler und leichter. In den Straßenrennen wirkt die DS mittlerweile wie ein behäbiger Dinosaurier. Doch noch ist das letzte Wort nicht gesprochen. Denn schon früh beschäftigen sich versierte Rennfahrer und Mechaniker genau mit diesem Problem – zum Beispiel André Ricou, ein Citroën-Händler aus Chambéry, dessen Großvater schon Autos mit dem Doppelwinkel verkaufte. Er baut bereits 1959 eine DS zu einem lupenreinen Sportgerät um. Das Rezept ist einfach, aber erfolgreich: Dach runter, Karosserie deutlich kürzen, schon sind nur noch 750 Kilogramm übrig. Doch das ist nicht alles. Stehen

Die Rennversion verdankt ihre Agilität auf jedem Terrain dem vorbildlichen Fahrverhalten der Basis-Version.

www.losson.com
Citroën de Collection
CIBIE
FERODO
S.E.V. MARCHAL
254 MP 71
S.E.V. MARCHAL

bei der Serien-DS nur 75 Pferdchen im 1,9-Liter-Stall, treibt Ricou 50 weitere hinzu, sodass nun 125 PS mobilisiert werden – auch durch den Einsatz zweier 45er-Weber-Vergaser. Diese DS ist so auch perfekt für Bergrennen geeignet. Und sie kann gewinnen. Ricou siegt 1960 in seiner Klasse in einem wahren Schnee- und Eis-Krimi. Aber auch Bob Neyret hat es getan: 1968 macht er sich in einer Karosseriewerkstatt in Grenoble über eine DS her, auch hier ist das Rezept ähnlich. Neyret verkürzt seine DS, lässt ihr aber das Dach, auch wenn er es niedriger hält. Die Leistung dieses Coupés wird auf 150 PS aufgeblasen, und so wird es zu einem äußerst kraftvollen Auto – natürlich mit mechanischem Getriebe. Nach einigen Einsätzen wird dieses Coupé an die Brüder Wambergue verkauft. Durch weitere Verkäufe verliert sich die Spur des Fahrzeugs. Das sind nur zwei Beispiele, doch es gibt etliche solcher Unikate. Das sind die spektakulären Auftritte der DS. Alle entstehen in Handarbeit, nie wirklich offiziell und nicht von Citroën protegiert. Und jeder, der Hand an die Göttin legt, hat seine eigene Rezeptur. Auch unter der Haube gibt es scheinbar keine Grenzen. Motoren von bis zu 2.500 cm^3 werden implantiert. Mit dem Auftauchen des SM wird sogar der Maserati-V6 in die DS gestopft, aber nicht etwa mit den serienmäßigen 170 PS, nein, es werden sogar Leistungen bis zu 250 PS erreicht. Die Erfolge bleiben nicht aus; erinnern wir uns nur an Bob Wollek oder Waldegaard, Barbero, Mounier, Roland …

WELTWEITE ERFOLGE

Nicht nur national, auch international räumt die DS ordentlich ab. Der erste große Erfolg für ID und DS stellt sich 1959 bei der Rallye Monte-Carlo ein. 1961 findet dann das Rennen Lüttich–Sofia–Lüttich statt, ein weiterer, großartiger Triumph für ein Citroën-Team. Jedes Jahr organi-

Auch hier sind umfangreiche Modifikationen und Verbesserungen der Citroën-Mechanik für den optimalen Einsatz bei Rennen vorangegangen. Der gepflegte Innenraum mit den Sportsitzen entspricht dem Standard der damaligen Zeit.

siert die belgische »Royal Motor Union« die Lütticher Rennen, die die Teilnehmer ursprünglich nach Rom und wieder zurück führten. Ab 1961 ändert sich die Route, nun heißt das Zwischenziel Sofia. Dieser Roadtrip führt die Protagonisten über eine Distanz von 5.500 Kilometern. Nicht etwa kommod über Autobahnen oder gut ausgebaute Landstraßen, vielmehr kämpfen die Helden mit Schotterpisten, Staub, Schlamm, Regen, Schlaglöchern. Die 61er-Ausgabe dieses Rennens wird zum denkwürdigen Ereignis: Von 85 startenden Teams erreichen nur acht das Ziel. Unter ihnen drei Citroën-Fahrzeuge der Typen ID und DS. Den Sieg erringt das Team von Lucien Bianchi und George Harris auf einer DS19.

Doch das Rallye-Jahr 1961 bleibt auch wegen eines anderen Rennens in Erinnerung. Die Rallye Korsika entwickelt sich während ihres Verlaufs zu einer der verrücktesten Rallyes, die das französische Eiland je sah. Denn das Rennen muss unterbrochen werden; eine extreme Wetterlage zwingt die Teilnehmer zur Pause. Alle Teilnehmer? Nein, nicht alle. Zwei DS sind noch auf der Strecke und erreichen mit Mühe und Not ein Zwischenziel – wo niemand mehr mit ihnen gerechnet hat. Der Pass von Vergio, mit 1.470 Metern Korsikas höchstgelegener Pass, ist aufgrund eines schrecklichen Sturms unpassierbar. Eigentlich. Nur die beiden Citroën-Teams Trautmann/Ogier und Bianchi/Harris schaffen es. Lucien Bianchi erinnert sich in seinen Memoiren an ein außergewöhnliches Abenteuer:

»Nachdem uns dieser Sturm überrascht hatte, mussten wir uns durch die entstandenen Schneeverwehungen kämpfen. Dies gelang so einigermaßen, aber unter größten Anstrengungen. Mehr als einmal mussten wir alle vier eines der Fahrzeuge schieben, um es wieder flottzubekommen. Dann mussten wir zurück, und das Gleiche wiederholte sich mit dem zweiten Wagen. So ging das mehrere Male, bis wir endlich die Spitze des Passes erreichten. Dort angekommen bemerkte ich, dass Ogier barfuß war. ›Wo hast du deine Schuhe?‹, fragte ich Ogier. Der war total überrascht; er hatte bei der Anstrengung gar nicht bemerkt, dass er seine Turnschuhe verlor. Dann fuhr sich Trautmann fest. Wir mussten alle Kraft aufbieten und ihn in mehreren Versuchen wieder anschieben. Immer drei, vier Meter Schwung nehmen. Irgendwann gelang es uns. Trautmann war wieder flott. Danach lief alles relativ reibungslos. Zumindest für die nächsten fünf Kilometer. Denn da blo-

ckierte ein umgestürzter Baum die Fahrbahn. Dieser Baum erschien uns so gewaltig, so riesig, wie er da lag, mit seinem undurchdringlich scheinenden Geflecht von Ästen und Zweigen. Nun schien es uns so, als ob alles vorbei wäre. Doch ich habe immer eine Bügelsäge in meinem Werkzeugkasten, in meinen Augen ein unverzichtbares Teil. Ich holte die Säge raus und forderte meine Teamkollegen auf, an die Arbeit zu gehen. Sicher, für einen solchen Einsatz ist eine Bügelsäge nicht gerade die richtige Wahl, aber eine Säge ist eine Säge. Im immer noch herrschenden Schneetreiben fing ich zuerst an, dem Baum auf den Leib zu rücken. Nach einer Weile löste mich Ogier ab, der wiederum nach geraumer Zeit von Harris abgelöst wurde. Dann machte sich schließlich der Vierte im Bunde, Trautmann, ans Werk. Doch Trautmann war nervös, ein bisschen zu hektisch. Und da passierte es. Klack! Das Sägeblatt war gebrochen. Und wieder steckten wir ganz schön in Schwierigkeiten. Aber eins lernst du als Rennfahrer: Niemals aufgeben! Sich nie entmutigen lassen und mit dem arbeiten, was du hast. Und wir hatten ja noch etwas: unsere Autos. Da der Baum schon ordentlich angesägt war, haben wir es einfach versucht. Mit einem Seil verbanden wir Baum und Stoßstange eines unserer Autos. Einmal, zweimal, dreimal. Beim dritten Versuch gab der Baum nach. Die Strecke war frei. Nun konnten wir talabwärts fahren, unser Ziel hieß Evisa. Doch in dem kleinen Bergdorf war niemand mehr, der uns hätte in Empfang nehmen können. Also fuhren wir weiter nach Vico. Aber auch in Vico das gleiche Bild: keiner da. Wir riefen die Organisatoren an, doch die glaubten uns nicht so recht. ›Wie? Ihr seid über den Pass gekommen? Das ist unmöglich, der Pass ist durch Schnee und Bäume blockiert!‹ Ich erwiderte: ›Hey, hey, doch! Wir haben es geschafft!‹ Und die Antwort kam prompt: ›Dann fahrt schnell nach Hause. Ihr habt gewonnen!‹«

Aber auch andere Rennen bringen der DS in all den Jahren legendäre Erfolge ein, zum Beispiel die Rallye Marokko. Dreimal hintereinander, 1969, 1970 und 1971 siegte die Göttin in Nordafrika. 1972, 1973 und 1975 konnte man immerhin Podiumsplätze erringen, auch einige vierte Plätze waren noch drin. Besonders erwähnenswert ist, dass oft Einzelstücke, eigens umgebaute DS, den Sieg erringen konnten. Viermal in Folge den Sieg davonzutragen, einmal auch in der Konstrukteurswertung, ist schon eine besondere Leistung. Und da behaupten manche Zeitgenossen, die DS wäre ein anfälliges Auto …

Damals wie heute galt die Devise: Je kürzer der Radstand, desto geringer das Gewicht und höher die Agilität. Es gab damals aber nicht sehr viele gekürzte DS.

philippe Losson...
CITROËN
de Collection
FERODO
CIBIE
TOTAL
254 MP 71

KAPITEL 10

FRANKREICHS BOTSCHAFTERIN

CITROËNS D-REIHE IST IN DER TAT EINE WÜRDIGE BOTSCHAFTERIN IHRES HEIMATLANDES. IHRE REVOLUTIONÄRE TECHNIK HAT IHR DEN INTERNATIONALEN ERFOLG BESCHERT UND DIE EXPORT-ERGEBNISSE LIEGEN WEIT ÜBER DEN ERWARTUNGEN VON CITROËN. NIEMAND HAT SEINERZEIT ERWARTET, DASS SIE SICH AUF DIESEM GEBIET POSITIONIERT, IN EINER KLASSE, DIE MAN HEUTE PREMIUM-SEGMENT NENNT. ABER WAS SEIT DEN TAGEN DER DS NOCH BEDEUTSAMER IST: KEIN FRANZÖSISCHES AUTOMOBIL, SEI ES NOCH SO PRESTIGETRÄCHTIG, HAT JE IHREN STATUS ERREICHT. UND, DIE SCHÖNE GÖTTIN WAR IN DER LAGE, AUCH AUSLÄNDISCHE AUTOFAHRER ZU VERFÜHREN.

Dieser DS21 Break war für den Export in die USA bestimmt. Gut zu erkennen an der für das Bestimmungsland angepassten Beleuchtung.

EP-247-AD
34

FRANKREICHS
BOTSCHAFTERIN

Nein, die D-Reihe bleibt nicht strikt dem heimischen Markt vorbehalten. Wie schon mehrfach erwähnt, weiß dieser majestätische Citroën auch die Welt jenseits der Grande Nation zu erobern. Citroën hat den richtigen Riecher und errichtet Produktionsstätten im Ausland: Forest in Belgien, Slough in Großbritannien, Heidelberg in Australien, Mangualde in Portugal, Johannesburg in Südafrika, ja sogar in Mexiko und bei Tomos in Jugoslawien wird die DS produziert.

1956 beginnt im belgischen Forest, ganz in der Nähe der Hauptstadt Brüssel, die Produktion des göttlichen Geschöpfs. Anfänglich werden die einzelnen Baugruppen noch per Bahn aus Paris herangeschafft. 330 Fahrzeuge werden täglich montiert. Ein Unterschied zu den Wagen aus französischer Produktion ist kaum auszumachen. Vielleicht ist die Fertigungsqualität bei den belgischen Fahrzeugen sogar noch besser. Zumindest ist die Farbauswahl größer, die Scheinwerfer sind besser. Die belgischen Exemplare werden ebenfalls exportiert, nach Italien, in die Niederlande und nach Deutschland. Manchmal landen »die Belgier« sogar in Frankreich. Allerdings nur bis 1969; in jenem Jahr endet die Produktion in Belgien.

Ebenfalls 1956 nimmt das britische Werk Slough die Produktion der Göttin auf. Allerdings ist die Produktion britischer Exemplare weitaus komplexer, alleine schon wegen der Rechtslenkung. Aber auch nationale Zulassungsbestimmungen sind zu beachten, insbesondere bei den Scheinwerfern und den Rückleuchten. Bei den Briten besonders beliebt

Unter der Haube ist alles mit der französischen Ausführung identisch. Daher sind auch die Fahrleistungen gleich.

Aufregende Farbkombinationen sollten die amerikanischen Autofahrer verführen. Also nicht viel anders als in Europa.

ist die Kombiversion, die man auf der Insel »Safari« getauft hat. Doch auch in Großbritannien kommt das Produktionsende früh. Am 18. April 1966 läuft die letzte DS, eine DS21 »Pallas«, vom Band in Slough. Doch für die Engländer und auch alle anderen, die rechts fahren müssen, ist das kein Grund zur Trauer: Die Rechtslenker-Ausführungen wird es auch nach 1966 noch geben. Allerdings werden diese ab jenem Zeitpunkt in Frankreich gebaut. Überhaupt braucht es für die Export-Modelle eine Reihe von Anpassungen an die jeweiligen Märkte, zum Beispiel verbesserte Heizungen für die skandinavischen Länder, Staubfilter für Afrika, die französischen Überseegebiete und den deutschen Markt. Oder auch Gummipuffer auf den Stoßstangen für die Modelle, die nach Österreich geliefert werden. Und es gibt auch spezifische Modellbezeichnungen. So trifft man in Italien auf die »Super ID« oder die »ID20 Super«, eine ID mit DS-Motor und Ausstattung. In Australien heißt die DS schlicht »La Parisienne«.

Die erste DS, die in den USA verkauft wird, hat einen ganz besonderen Geburtshelfer: Ferrari! Auf dem Gelände eines Ferrari-Händlers

Deutlich exotischer wirkt hingegen die Dachgalerie, die an einen Korbgriff erinnert.

EP-247-AD
34

an der Park Avenue ist ein Schaufenster Citroën gewidmet. Und dort steht die DS und lockt amerikanische Kunden. Mit Erfolg. Doch nicht nur der einfache Autofahrer oder auch die politischen Würdenträger huldigen der DS, sie hat auch ihre Freunde in Adelskreisen. So gehören unter anderem Prinzessin Margaret von Dänemark und Königin Juliana der Niederlande nebst ihrem Ehemann Prinz Bernhard zu den royalen Kunden Citroëns. Selbst auf dem als schwierig geltenden deutschen Markt kann sie sich behaupten. Die DS ist eben eine Göttin für alle…

Die Rückleuchten entsprechen denen der europäischen Modelle. Dagegen sind die Stoßstangen größer und die Kotflügelspitzen sind verändert.

DANKSAGUNG

Die Autoren möchten sich bei mehreren Personen persönlich bedanken, die zur Entstehung dieses Buches beigetragen haben.

Philippe Losson ist unumstrittener ID-/DS-Papst und leidenschaftlicher Sammler, der auf die Restaurierung, Wartung und den Verkauf dieser Fahrzeuge spezialisiert ist. Philippe Losson kennt alle Modelle und deren technische Besonderheiten. Er ist ein echter Enthusiast, der schon von Anfang an DS fuhr. »Mit 20 habe ich meine erste DS gekauft, für 1.000 Francs. Ich habe sie repariert und ein schönes Auto daraus gemacht. Später habe ich sie dann für 1.500 Francs verkauft. Ich sagte mir selbst: ›Dann mach ich noch eine.‹«
Innerhalb von sechs Monaten, in denen er zeitgenössische Kunst studierte, hatte er bereits drei oder vier DS in den Fingern gehabt. Der Werkstattleiter einer Citroën-Werkstatt in Maubeuge weihte ihn in die Geheimnisse der Göttin ein und brachte ihm alles bei. Philippe fing an, auch die DS von Freunden zu pflegen und zu reparieren. 1994, nachdem er sich auch anderen Fabrikaten widmete, machte er seine Berufung zum Beruf. Und entwickelte sich zum DS-Spezialisten, der er heute ist. Viele Raritäten und Modelle von Philippe dürfen wir in diesem Buch bewundern, da er seine Pretiosen großzügig mit anderen teilt – auf www.losson.com.

Dank gebührt auch Daniel Écochard und allen Mitgliedern des IDeale DS Clubs, Sektion Rhône-Alpes, die extra ein Casting für dieses Buch organisierten. Es war eine tolle Zeit voller Leidenschaft und Begeisterung. (www.ideale-ds.com/rhone-alpes)

Michel Boutias von l'Atelier 524 gebührt ein besonderer Dank, der uns die 67er DS21 von Bob Neyrets Team »schenkte« (www.atelier524.com).

Auch SM2a (www.sm2a.fr) sei an der Stelle ausdrücklich gedankt. Wir durften für einen Tag das quirlige DS23-Coupé nutzen.

Und schließlich möchte der Co-Autor, der ehemalige Fotograf Étienne Crébessègues, dieses Buch seinem Vater widmen:
»Für Alex Crébessègues: Ich denke, er wäre glücklich zu wissen, dass sein Sohn Co-Autor dieses Buches ist. Liebenswürdig und im Stillen, mit einer Leidenschaft für Poesie, hat er über Jahre viele Bücher geschrieben, darunter wahre Meisterwerke. Sein Traum war es immer, einmal veröffentlicht zu werden, aber das Schicksal entschied anders.«

Einbandgestaltung: Luis dos Santos

Copyright 2019 © by E-T-A-I, Antony, Frankreich
Die Originalausgabe erschien 2019 unter dem Titel
CITROËN DS – L'AVANT-GARDE FRANÇAISE
(Rogé Rémond / Étienne Crébessègues)
bei E-T-A-I (www.editions-etai.fr).

Aus dem Französischen übersetzt von Andreas Gaubatz.

Eine Haftung des Autors oder des Verlages und seiner Beauftragten für Personen-, Sach- und Vermögensschäden ist ausgeschlossen.

ISBN: 978-3-613-04749-5

Copyright © by Motorbuch Verlag, Postfach 103743, 70032 Stuttgart
Ein Unternehmen der Paul Pietsch Verlage GmbH & Co. KG

2. Auflage 2025

Sie finden uns im Internet unter www.motorbuch-verlag.de

Dieses Buch wurde nach den geltenden Vorschriften der General Product Safety Regulation (GPRS) entwickelt. Bei Fragen oder Problemen wenden Sie sich bitte an den Verlag unter folgender E-Mail-Adresse: gprs@paul-pietsch-verlage.de

Nachdruck, auch einzelner Teile, ist verboten. Das Urheberrecht und sämtliche weiteren Rechte sind dem Verlag vorbehalten. Übersetzung, Speicherung, Vervielfältigung und Verbreitung einschließlich Übernahme auf elektronische Datenträger wie DVD, CD-ROM usw. sowie Einspeicherung in elektronische Medien wie Internet usw. ist ohne vorherige schriftliche Genehmigung des Verlages unzulässig und strafbar.

Lektorat: Motorbuch Verlag/ke

Innengestaltung: Laurence Joly / tebitron gmbh, Gerlingen

Impressum (Druck und Bindung):
Druck und Bindung: Conzella, 85609 Aschheim-Dornach
Printed in Germany

WEITERE INTERESSANTE BÜCHER ZUM THEMA

Die Liebe zum Automobil brachte in der Grande Nation unzählige Klein- und Kleinsthersteller hervor. Andreas Gaubatz und Stefan Müller richten den Blick auf 55 Jahre Automobilbau in Frankreich. Begleiten Sie den französischen Automobilbau von der Mangelwirtschaft der Nachkriegszeit bis zum Millennium.
352 Seiten, 1000 Abb., 230x265 mm
ISBN 978-3-613-04486-9
€ 69,00 | € (A) 71,00

Dieser Prachtband widmet sich den schönsten, besten und bedeutendsten Oldtimern: Legenden aus Deutschland, Frankreich, Großbritannien, Italien, den USA und weiteren Nationen. Mal bildschön, mal skurril: Ein faktenreicher Überblick mit über 130 Markenportraits und 400 Bildern.
224 Seiten, 400 Abb., 230x305 mm
ISBN 978-3-613-04247-6
€ 18,95 | € (A) 19,50

Bevor die letzten Kult-Karren vom Rost dahingerafft, von Fahranfängern verschlissen oder nur noch im Museum zu bestaunen sind, gibt es hier ein Wiedersehen mit den schönsten, den besten und den unvergessenen Old- und Youngtimern, entstanden in den Jahren zwischen Mauerbau und Wende, von Maserati über Ford bis hin zu Trabant.
224 Seiten, 550 Abb., 210x280 mm
ISBN 978-3-613-04614-6
€ 18,95 | € (A) 19,50

Exklusives Bildmaterial zu den wichtigsten Autos der Jahre 1945 bis 1960, die die automobilen Vorlieben der Väter und Großväter entscheidend geprägt haben.
400 Seiten, 1070 Abb., 220x290 mm
ISBN 978-3-613-04430-2
€ 29,90 | € (A) 30,80

Leseproben zu allen Titeln auf unserer Internetseite

Stand März 2025
Änderungen in Preis und Lieferfähigkeit vorbehalten.

Überall, wo es Bücher gibt, oder unter
WWW.MOTORBUCH-VERSAND.DE
Service-Hotline: 0711 / 78 99 21 51

Motor buch Verlag

www.facebook.com/MotorbuchVerlag